志丹县耕地地力评价

ZHIDANXIAN GENGDI DILI PINGJIA

◎马 岩 主编

中国农业科学技术出版社

图书在版编目（CIP）数据

志丹县耕地地力评价 / 马岩主编 . —北京：中国农业科学技术出版社，2017. 5
ISBN 978 – 7 – 5116 – 3029 – 2

Ⅰ. ①志…　Ⅱ. ①马…　Ⅲ. ①耕作土壤 – 土壤肥力 – 土壤调查 – 志丹县②耕作土壤 – 土壤评价 – 志丹县　Ⅳ. ①S159. 241. 4②S158. 2

中国版本图书馆 CIP 数据核字（2017）第 075064 号

责任编辑　崔改泵
责任校对　贾海霞

出 版 者　中国农业科学技术出版社
北京市海淀区中关村南大街 12 号　邮编：100081
电　　话　(010)82109194(编辑室)　(010)82109702(发行部)
(010)82109709(读者服务部)
传　　真　(010)82106650
网　　址　http://www. castp. cn
经 销 者　各地新华书店
印 刷 者　北京富泰印刷有限责任公司
开　　本　710mm ×1 000mm　1/16
印　　张　11. 75　　彩页　8 面
字　　数　211 千字
版　　次　2017 年 5 月第 1 版　2017 年 5 月第 1 次印刷
定　　价　35. 00 元

《志丹县耕地地力评价》

编　委　会

序　　言

目前，农业和农村经济社会面临深刻的变革。以家庭联产承包为基础的分散经营正在向以新型经营主体为代表的适度规模、区域特色、功能多元、融合（一二三产）发展的现代农业迈进。随着国家供给侧经济结构改革，高能耗、高污染、去产能的“两高一去”战略的实施，甩掉“世界工厂”这一包袱的同时，城市农民工需求直线下降，为农民二次创业高潮的形成奠定了与市场经济接轨思想见识的劳动力要素。同时，城市工商资本的扩张，挣钱的领域集中在能源和新能源、高新科技产业、医药等生物工程及金融行业、实力雄厚的基础产业等领域，优胜劣汰的结果，部分中小企业、中小资本由城市向农业和农村转移，为农业的二次创业置换了资本要素。新的“上山下乡运动”与20世纪六七十年代不同的是：不仅仅是知识青年的上山下乡，更是资本、技术、劳动力这农业生产“三要素”的上山下乡。由此我们大胆的推测，农业二次创业的高潮即将来临。不容置疑的是：家庭联产承包责任制的实施，解决了农民的温饱问题，但要建设全面小康社会，就必须顺应时代发展的潮流，敞开胸怀，迎接城市工商资本的上山下乡，依靠发展龙头企业和农民专业合作社、家庭农场、产业大户等新型经营主体瓦解传统农业，以工业的理念推动与全球经济的接轨，推动具有一定竞争能力的现代农业发展。

我们必须明白一个道理。农业农村不仅仅是中国经济社会发展的“稳压器”，而且是一个大容器，它可有效地调节、消化社会进程中劳动力失业、就业等各类社会矛盾和问题。这就是中国的国情。

做好农业农村工作，迎接农业二次创业高潮的来临，就必须从基础抓起。

第二次全国土壤普查已过去20多年，这期间农村经营体制、耕作制度、作物品种、种植结构、产量水平、肥料和农药使用等多个方面均发生了很大的改变，对耕地地力进行新的和全面的调查与评价显得很有必要。陕西省志丹县农技中心按照农业部要求，利用实施测土配方施肥项目所获得的大量数据和技术成果，以第二次全国土壤普查成果为基础，结合历年的测试示范资料，在西北农林科技大学的指导下完成了志丹县耕地地力的测评。将测评结果集书出版，既是对历史数据的整理，也是对现阶段测土配方施肥工作的总结，我认为这是一件实事、好事、有意义的事。

《志丹县耕地地力评价》全面介绍了志丹县耕地土壤养分状况，进行了耕地综合生产力分等定级，评价了各类耕地的肥力及其环境质量状况，分析了存在的问题，提出了合理的建议与对策，集专业性和实用性为一体。本书的出版发行将为各级领导就不同尺度的耕地资源管理、农业结构调整提供决策依据，更难能可贵的是，为新经营主体和广大农民的生产经营提供了翔实的科学依据，为基层干部群众学习应用测土配方施肥，实现农业增效、农民增收起到积极的促进作用。

陕西省志丹县农业局局长　臧光廷

2016 年 11 月

目　　录

技术报告篇

专题报告篇

附　录

技术报告篇

第一章　自然与农业生产概况

第一节　地理位置与行政区划

一、地理位置

志丹县位于陕西省北部黄土高原丘陵沟壑区，地理位置介于东经108°11′56″~109°3′48″，北纬36°21′23″ ~ 37°11′47″。行政辖区南北长95.56km，东西宽70.01km，东部和安塞县相接，西北部与吴起、靖边县相连，东南部和甘泉、富县毗邻，西南部与甘肃省合水县、华池县交界。总面积为3 781km^2。地势由西北向东南倾斜，平均海拔1 093 ~1 741m，相对高差648m。以洛河、周河、杏子河三大水系网形成三个自然区域，称西川、中川、东川。境内沟壑纵横，梁峁密布，山高坡陡，沟谷深切。属温带大陆性季风气候区，四季变化明显，温度变化大，无霜期短。年平均日照时间为1 974小时，占可照时数的44%。年平均气温8.3℃，年均无霜期142天。受微地貌的影响，南北相比，全年≥0℃的积温最大相差568℃，≥10℃的积温最大相差693℃。全县年均降水量509mm，年平均蒸发量1 557mm，相当年平均降水量的近3倍，全县干旱指数为2。

二、行政区划演变

志丹县历史悠久，源远流长。据文物管理部门在旦八镇柏叶沟、杏河镇小庄科、顺宁乡丁岔和周河等地收集的石斧、陶罐证实，早在新石器时代志丹县境内已有人类聚落。

志丹县原名保安县，保安之名始于宋，宋之前无建置。西周属狄。春秋属白狄。战国时地处北地郡与上郡交界处。秦汉时仍由北地郡和上郡分制。三国两晋属匈奴地。东晋先为赵之上郡，后为前秦之上郡，又为后秦地，赫连氏建夏后，归夏。南北朝北部属夏州金明郡广洛县，东南部属因城县。隋属延州地。唐武德二年里置永安县，不久并入金明县。五代先为后梁，后归后唐，再属后晋，旋归后汉，最后属后周。宋太宗太平兴国二年（977）置保安军，寓永保安宁之意。公元1130年保安地归于金，金废保安军置县，后又升为州。二十二年（1132），升县为州，仍领县地，属鄜延路。金大定十一年（1171），废保安军置保安县，属延安府。1269年元降保安州为保安县。明、清、民国仍沿旧制。民国二年（1913），废延安府，辖保县。1931年后，置陕西省第一行政督察专员公署，辖保安县。1934年2月，陕甘边革命委员会在小石崖成立，保安县西部的义正川、吴堡川、白豹川、脚札川等地开辟为苏区，属陕甘边范围。1935年11月，成立中华苏维埃人民共和国临时中央政府西北办事处，领陕北、陕甘二省及关中、神府二特区，志丹县属陕北省。1936年为纪念民族英雄刘志丹将军而命名为志丹县，隶属未变。1937年9月成立陕甘宁边区政府，直辖志丹县。1942年12月，陕甘宁边区分设五个分区，志丹县属延属分区。1949年成立陕北行署，辖志丹县。1950年2月归延安专区（1969年改称延安地区）管辖。1958年12月，吴起县并入志丹县。1961年9月，按合并时区域又分出吴起县。今志丹县属陕西省延安市（地级）辖县。

志丹县现辖7镇1乡，4个社区，200个村委会。所含乡镇包括保安镇、杏河镇、永宁镇、顺宁镇、金丁镇、旦八镇、义正镇、双河乡、张渠社区、侯市社区、纸坊社区、吴堡社区（图1-1）。县政府驻地为保安镇。总人口14.5万人，其中，农业人口11.2万人，占总人口的77.24%，人口密度为38.3人/km^2。

第二节　自然与农村经济概况

土地作为地球表面的一个具体区域，是由地貌、土壤、水文、气候、植被所组成的自然综合体，这些因素相互影响、相互制约，形成了一个特定的生态系统，这个系统能量的转化与输出，取决于组成系统诸元素的自然属性、社会经济条件和人类生产活动，因而土地又是自然和经济的历史综合体。

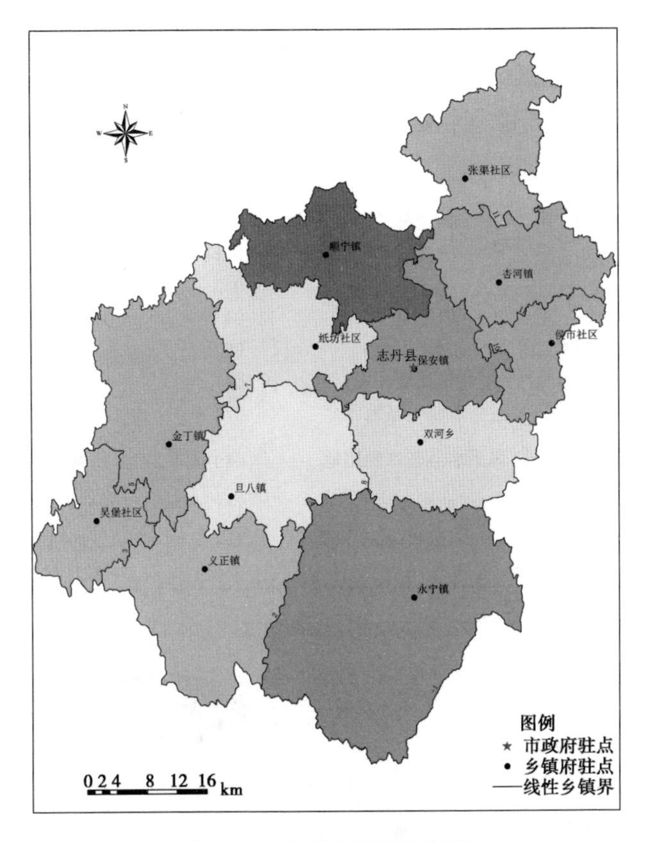

图 1－1　志丹县行政区划图

一、自然资源及条件状况

（一）土地资源

土地在人类社会生产活动中，是任何社会进行物质生产所必需的基本条件。在农业生产中，土地不仅是生产部门存在的物质条件，而且是农业生产的劳动对象和劳动手段。志丹县各类用地面积具体见表 1－1、图 1－2。

表 1－1　土地资源利用现状

一级类	一级地类号	二级类	二级地类号	面积（hm^2）	比例（%）
耕地	01	水浇地	012	382.61	0.10
		旱地	013	48 972.35	12.89

(续表)

一级类	一级地类号	二级类	二级地类号	面积（hm^2）	比例（%）
		果园	021	1 771.02	0.47
		有林地	031	118 418.89	31.18
园地	02	灌木林地	032	12 852.17	3.38
林地	03	其他林地	033	82 374.52	21.69
		天然牧草	041	109 318.72	28.78
草地	04	人工草地	042	57.49	0.02
		其他草地	043	3 083.10	0.81
工矿仓储用地	06	采矿用地	062	15.63	0.00
住宅用地	07	城镇住宅用地	071	529.56	0.14
		农村宅基地	072	1 260.08	0.33
公共管理与公共服务用地	08	风景名胜及特殊用地	088	40.77	0.01
水域及水利设施用地	11	河流水面	111	704.94	0.19
		坑塘水面	114	39.53	0.01
合计				379 821.38	

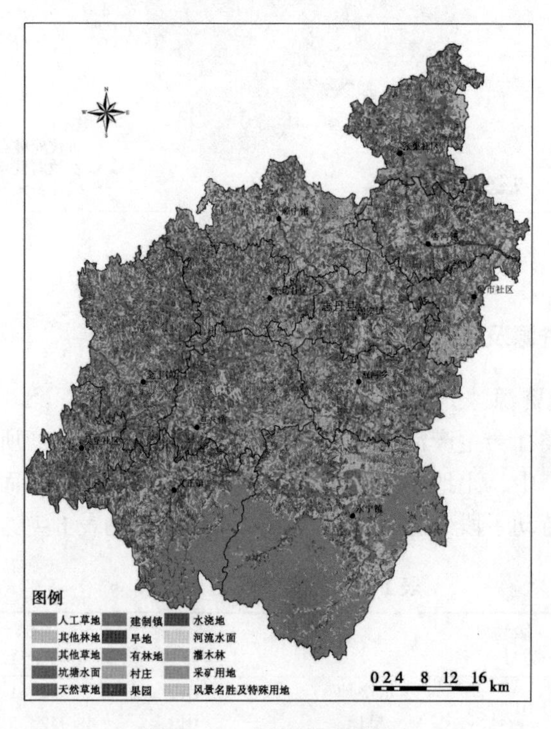

图 1-2　土地利用现状图

2007 年中华人民共和国质量监督检验检疫总局和中国国家标准化管理委员会联合发布了《土地利用现状分类》国家标准，该《土地利用现状分类》国家标准采用一级、二级两个层次的分类体系，共分 12 个一级类、56 个二级类。其中一级类包括：耕地、园地、林地、草地、商服用地、工矿仓储用地、住宅用地、公共管理与公共服务用地、特殊用地、交通运输用地、水域及水利设施用地、其他土地。开展农村土地调查时，对分类标准中的有些二级类归类为城镇村及工矿用地。志丹县按照《土地利用现状分类》标准共包括一级地类 8 项，分别是耕地、园地、林地、草地、工矿仓储用地、住宅用地、水域及水利设施用地、公共管理与公共服务用地。二级地类分别是水浇地、旱地、果园、有林地、灌木林地、其他林地、天然牧草、人工草地、其他草地、采矿用地、城镇住宅用地、农村宅基地、河流水面、坑塘水面，合计为 14 项。其中有林地、天然牧草、其他林地和旱地所占的比例较高，面积分别为 118 418.89 hm^2、109 318.72 hm^2、82 374.52 hm^2 和 48 972.35hm^2，占全县土地面积的比例依次为 31.18%、28.78%、21.69% 和 12.89%。

（二）气候资源

志丹县属温带半干旱大陆性气候。日照充分，温度变化大，雨量分布不均，无霜期短。总的气候特点是，春季气温回升快而多变，干旱多风，日照充分；夏季有短期高温，多阵雨，有伏旱，秋季降温明显，风小雾多，冬季寒冷而长，降雪极少，结冰期长。主要自然灾害有干旱，霜冻、暴雨、冰雹、大风。

1. 光能资源

日照：根据 1957—2014 年 58 年资料分析，平均每年日照可达 1 974小时，占可照实数的 52%，最多可达 2 243小时（1965 年），最少为 1 623小时（1964 年）。

2. 热量资源

四季温度变化特点：春季（3—5 月），温度回升快，平均每 4.8 天升温 1℃，最高气温达 35.8℃，而最低气温达 -18.0℃。夏季（6—8 月），最高气温达 37.4℃，最低 2.7℃，夏季≥22℃平均每年仅有 8 天，最高气温≥35℃的日数，58 年只出现过 19 次，平均 3 年出现一次，所以夏季不热而短。秋季（9—11 月）降温明显，月平均每 4.1 天降温 1℃；最高温度 34.6℃，最低是 -18.9℃。冬季（12—2 月），寒冷而漫长，最高气温 22.6℃，最低是 -28.7℃，低于 -20.0℃，58 年共出现 286 次，平均每年出现5次。

志丹县年平均气温是8.3℃，最高年为9.5℃，最低年为7.0℃，相差2.5℃；最高气温是1973年为37.4℃，最低是2002年为-28.7℃，≥0℃的温度开始于3月9日，终止于11月14日，持续天数平均达251天，平均积温达3 549.7℃；≥5℃的温度开始于3月30日，终止于10月26日，持续天数平均达211天，平均积温达3 395.6℃；≥10℃的温度开始于4月24日，终止于10月4日，持续天数平均达164天，平均积温达2 963.2℃；≥15℃的温度开始于5月19日，终止于9月10日，持续天数平均达115天，平均积温达2 299.3℃；≥20℃的温度开始于7月6日，终止于8月9日，持续天数平均达35天，平均积温达771.6℃。无霜期年平均只有142天，无霜期最短年份是117天（1960年），最长年份是194天（2013）年。因此，高山不宜种植生长期长的农作物。

3. 降水

据气象部门1957—2014年58年的资料调查，年平均降水量为509mm，年际变化大，最多年达805mm，最少年达241mm，年内降水主要集中在6—9月，占全年降水的73.1%，10—11月降水占全年的8.7%，12至翌年2月降水占全年的1.8%，3—5月降水占全年的16.4%。

4. 主要气象灾害

根据志丹县58年的气象资料分析，不利于农业生产发展的气象灾害。最主要的是干旱、霜冻、暴雨、冰雹和大风的相继为害。

干旱：以春旱最多，58年中出现不同程度的春旱就有54年（日降水量≥10mm的间隔日数≥20天为春旱），占58年的93%。其中严重的有40年（日降水量≥10mm的间隔日数≥40天），占春旱年54年的74%；较轻的有7年，占春旱54年的13%；一般春旱7年，占春旱年54年的13%。入春后，在大陆干燥气团的控制下，降水仅82mm，只能达到同期蒸发量的1/7，故常发生春旱。入夏后，温度高，蒸发强，雨季来的迟，常引起初夏旱，对产量影响十分严重，这就是志丹县农作物亩产不高的主要原因。因此，干旱是志丹县发展农业生产的限制因素。

霜冻：根据58年的气象资料分析，年平均初霜冻日10月4日，终霜冻日5月14日，58年平均无霜期142天，初霜冻最早年份出现在1999年9月2日，最晚年份是1961年10月28日，相差56天，终霜冻最早年份终止于2010年的4月3日，最晚年份是1973年5月29日，相差56天。无霜期最长的是2013年，达194天，最短的是1999年，只有107天，长短相差87

天。根据资料分析，志丹县境内初霜冻日出现时间，先北后南，平均相差3~5天，终止日先南后北，相差5~7天，由此说明，终霜冻出现时间及无霜期长短，变化很不稳定，对安排农业生产及春播和秋作物的成熟有很大影响。

暴雨：58年中出现暴雨41次（日降水量≥50mm），平均每年0.7次，暴雨最早出现在6月11日（1966年），最晚出现在9月27日（1961年），一般多出现在7—8月，占暴雨总数的73%。暴雨虽在志丹县出现概率不多，但由于植被差，土壤疏松，梁窄坡陡，一旦出现，水土流失严重，短时间即可山洪暴发，河水猛涨，冲毁农田房屋，给人民生命财产造成极大损失。

冰雹：在志丹县常成局部或带状分布，对农业生产威胁很大。根据58年的气象资料记载，58年共出现101次，平均每年1.8次，最多年份可出现5次，多数不成灾，一般3—10月均可出现，6—7月最多，一日内冰雹多出现在下午1—5时之间，下雹时间多为5~10分钟，最长半小时左右，雹粒一般如玉米籽、杏仁大小，最大如核桃、鸡蛋般大，但很少见。冰雹主要路径有三条：北部从靖边大路沟，五里湾乡入志丹县张渠、杏河乡，沿杏河与周河分水岭向南移，到城关与双河两乡的东部，易在张渠、杏河两乡之间山岭地区形成雹区；中部从吴起县的薛岔乡入志丹县的顺宁、纸坊两乡，沿周河两侧山岭向东南移动，经城关、双河两乡的西部，旦八的东北部，易在顺宁乡的周湾村和纸坊乡的韩嘴子村以北山区形成多雹区；南部从金丁乡的西北部入境，沿洛河北侧向东南移动，经旦八中部到永宁乡的西北部，多的金丁乡的罗坪川以西山区形成多雹区；义正、永宁二乡是志丹县少雹地区。

大风：大风58年共出现314天（≥17m/s），平均每年5.5天，最多年可达24天，3—6月最多，累计出现134天，占总数的63%。风向多为北风和西北风，持续时间一般为一天，最长达3天。由于春季少雨，加之风大而多，使土壤水分蒸发快，墒情锐减，是形成春旱的又一个原因。夏秋大风虽然减少，但常伴随雷雨冰雹出现，造成植株倒伏，颗粒脱落，对农业生产影响很大。

（三）水文资源

1. 地表水

志丹县以洛河、周河、杏河为骨干，纵横交错的大小河流以及支、毛、冲沟，形成树枝状的水系网的特点是：

（1）由于地形西北高东南低，河流顺应地形，分别由西北流向东南。

（2）水系网中大都是季节性沟、河，雨季丰水期，加大干流的集流量而形成洪水，旱季缺雨，形成干流的枯水期。因此洛、周，杏河一年中流量变化悬殊，与支流的上述特点关系很大。

（3）丰水期含沙量高，每年7—9月三个月的输沙量占全年的总输沙量90%以上。

洛河源于白于山西南，经吴旗县于志丹县的金汤村入境，经金丁、旦八、义正、永宁川流而过，境内长达85km，流域面积1 913km^2。河流两侧支流繁多，容水量大，汛期暴涨，水流湍急，河槽深而稳固。志丹县段为上游，谷宽平均300m，最宽的芋子湾处1 050m。石湾子至川口一段，长约25km为石质峡谷，河床深入砂岩，谷宽仅有50m左右，川地很少。金汤至旦八河谷呈近似的宽“V”形。河床组成物质主要为冲积砂砾。旦八至石猴子河谷呈梯形。洛河入境高程为1 234.5m，出境高程为1 093m，总落差141.5m，平均比降1.7%，年径流量7 188.75万 m^3，最大洪峰流量为6 430 m^3/s，最小枯流量为0.4m^3/s，侵蚀模数高达7 000t/km^2。河谷平面呈明显的“S”状。

周河源于靖边县周家嘴，在志丹县土墩湾处入境，贯流顺宁、周河、双河、永宁乡。至永宁乡川口注入洛河。境内长57km，流域面积1 112km^2，平均年径流量为4 170万 m^3，最高洪峰流量为2 610m^3/s，最小枯流量为0.004m^3/s。周河入境处高程为1 347m，入洛河处高程为1 128m，总落差218m，平均比降为3.82%，侵蚀模数为12 000t/km^2。河谷平均宽度200m。河床不固定，随洪水冲刷河床移位，川地经常受毁。

杏子河发源于靖边县，从志丹县庙合渠附近入境，经张渠、杏河、侯市乡于界堡湾入王窑水库。境内全长50km，流域面积752km^2。河床切入砂岩，河槽呈“U”形。河谷平均宽为300m，最宽处650m，张渠境内属石质峡谷，越入越窄。年径流量为2 820万 m^3。境内河道高程从1 349m降至1 155m，平均比降3.88%，侵蚀模数13 000t/km^2。

洛、周、杏三条河流，以洛河最大，有一级支流66条，其中流域面积在100km^{2}以上的支流有周河川、罗平川、吴堡川、义正川、腰子川、瓦子川6条。周河是洛河的大支流，其支沟有27条。流域面积在40km^{2}以上的有丁岔沟、附马沟、保娃沟、纸坊沟、孙岔沟、麻子沟、树桐川沟7条。杏河为延河的较大支流。全县沟壑密度北部平均3.2km/km^2，南部平均3.7km/km^2。

2. 地下水

地下水周河顺宁以南35km左右，属第四系潜水全新系上更新系冲积层孔隙潜水。潜水沿河谷呈带状分布。一级阶地潜水位埋深3～15m，二级阶地埋深30～40m。潜水层厚度一般为5～12m。一、二级阶地的冲积层潜水为统一体。浅埋区潜水的矿化度0.645g/L。杏河河谷与周河主支沟水位10～50m，含水层厚100～200m，矿化度0.774g/L，透水系数0.3～1m/天。洛河河谷潜水埋深1.0～25m。全县境内下白垩系洛河组地层中含有较丰富的承压水。但埋深变化较大，其大致是由北向南由深变浅，从东到西则由浅变深。全县除洛河从川口以上含碱较高外，其余水质较好，可饮可灌。

（四）土壤类型

土壤是各种成土因素综合作用的产物，在一定地理空间条件下，必然会有一定的土壤类型出现，而且每个土类都将占有与其相适应的地理位置。志丹县属于温带半干旱大陆性气候，成土母质主要为黄土。加之地形复杂，区域性水文地质条件的差异较大以及人类活动形成了各种岩成、水成和耕种熟化土壤。成土过程主要有四：有机质积累过程；耕作熟化过程、钙的积累过程及潜育化与潴育化过程。在志丹县的特定条件下，共分布有10个土类，13个亚类、23个土属和55个土种。志丹县土壤类型详细分布见图1－3与表1－2。

表1－2　志丹县土壤类型统计

项目＼土壤类型		黑垆土	黄土性土	灰褐土	红土	紫色土
面积	（hm^2）	419.32	267 835.90	99 153.96	8 360.03	1 222.12
	%	0.11	70.52	26.11	2.2	0.32
项目＼土壤类型		**沼泽土**	**潮土**	**淤土**	**草甸土**	**水稻土**
面积	（hm^2）	43.16	345.94	2 421.85	10.34	5.07
	%	0.01	0.09	0.64	—	—

志丹县的自然土壤是黄土母质上经过长期自然地理因素和人为活动影响，形成各种岩成、水成和耕种熟化的土壤。全县川台地大部分是淤土，二、三级阶地为黄绵土或黑垆土，梁、峁、梯田和缓坡地以黄绵土为主，坝地多为五花土。

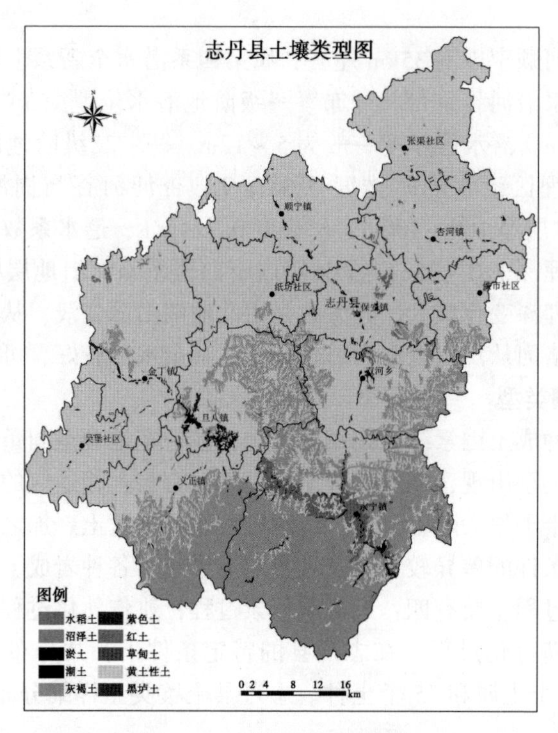

图 1－3　志丹县土壤类型图

志丹县主要土壤是黑垆土、潮土、红土、黄土性土、灰褐土、淤土、紫色土、沼泽土、草甸土和水稻土。在五大成土因素的综合影响下，全县土壤呈一定的规律性。由于自然植被破坏，侵蚀日趋加剧，地带性黑垆土大面积侵蚀殆尽，目前仅残存于峁岘及高台阶地上，广泛地分布着黄绵土。主要的土壤组合形式有川道、沟谷、林区土壤组合。川道以黄绵土、淤土为主，川道土壤因人类活动历史长，熟化程度高，土质较肥，是稳产高产土壤类型。川道低凹处亦有少量水稻土、草甸土、沼泽土及潮土等，但其面积不大。全县，梁、峁、坡地的土壤主要以黄绵土为主，沟缘线以下的陡坡地，有红土分布。林区以灰褐土为主。南部林区的永宁、义正和双河、旦八部分林区，由于植被良好，淋溶作用较强，土壤侵蚀较轻，林灌下发育的土壤一般为灰褐土，且有明显的剖面发育。沟缘线以上较陡的针叶林坡地上以薄腐殖质碳酸盐灰褐土为主，沟缘线以下或梁峁较平缓的阔叶林区，以中腐殖质碳酸盐灰褐土为主。

（五）植被

植被是覆盖在地球表面上所有植物群落的总称。植被与自然环境条件是统一体，环境的变化也必然导致植被的演替。大约三千年以前，属于黄河中游的志丹县原是林茂草丰的地区，后来经秦、汉破坏，唐、宋之摧残，明清又屡遭兵劫，森林破坏殆尽。加上农垦等原因，森林植被逐渐演变为今日的灌丛草原植被类型。现在森林是在清朝同治年间，民族纠纷，人口骤减，土地撂荒后重新生长起来的天然次生林，集中在子午岭北麓洛河以南的永宁、义正两地。洛河以北的双河、旦八、纸坊等区，尚有小片残留的天然次生林和疏林以及灌木群落。构成林分的优势树种的主要有小叶杨、栎类（蒙古栎、麻栎、辽东栎）、白桦、侧柏等。在灌木群落里散生的乔木和杜梨、山杨、山杏、榆树等。近年人工营造的林地则以刺槐、小叶杨、杏树、柳树、苹果为主。森林人工次改以油松为主。

由于自然环境影响，全县南北植被类型组合有所差异，越向北，植被越差。北部以张渠、顺宁、金丁为代表植被，群落零落单调。荒山以草本灌丛占优势，散生一些山杨、山杏、杜梨，川道坡面有人工栽植的刺槐、杨、柳等。灌木占优势的是黄刺玫、沙棘、狼牙刺、荆条、酸枣、文冠果、柠条、胡枝子、枸杞等。草本植物主要有针茅、萎陵莱、茵陈蒿、宾草、地椒、沙蓬等。人工种植的有沙打旺、紫花苜蓿、草木栖。南部以义正、永宁为代表，植物种类繁多，势态茂密，属华北落叶阔叶林向西延伸的一部分。在境内子午岭北部呈“岛状”分布的有相当数量的辽东栎林、山杨林、白桦林、侧柏林，是次生的乔林植被。乔林下的灌木草本植物主要有胡枝子、紫苑、艾蒿、白羊草、野菊花、四季青、黄精、白山羊草、铁杆蒿、黄背草等。

志丹县的粮食作物有糜子、谷子、荞麦、小麦、玉米、高粱、燕麦等禾本科作物及豆类、薯类等。糜谷占作物总面积的 31. 1%，荞麦占 13. 09%，小麦占 22. 73%，玉米占 5. 02%，马铃薯占 8. 21%，豆类占 5. 7%。经济作物主要是油料（黄芥、蓖麻、小麻等）烟叶、药材等。

植被是参与成土过程的主要因素。志丹县南部乔林植被下以灰褐土为主，北部则因植被稀疏，土壤侵蚀严重，地带性黑垆土已被大部分侵蚀，实际上是在黄土母质上耕种的。

二、社会经济条件

志丹县总人口 14. 5 万人，其中农业人口 11. 2 万人，人口密度为 38. 3 人/km^2。据 2010 年数据统计，全年实现生产总值 138. 63 亿元，同比增长

10.28%；其中，第一产业增加值3.83亿元，增长5.1%，第二产业增加值121.87亿元，增长15%，第三产业增加值12.93亿元，增长3.6%，人均生产总值99 988元，同比增长12.24%。全县规模以上工业企业完成产值148.98亿元，比“十五”末增长74%，实现增加值118.67亿元，按可比价计算，比“十五”末增长1.5倍；规模以下工业完成产值5.29亿元，按现价计算，比“十五”末增长4.9倍；全县完成社会固定资产投资74.18亿元，同比增长30.3%，按产业结构看，第一产业完成投资额1.64亿元，第二产业完成投资额35.87亿元，第三产业完成投资额36.67亿元，较“十五”末净增60.53亿元，5年累计完成固定资产投资231亿元，相当于“十五”的6.2倍；农民人均纯收入5 116元，同比增长21.7%；城镇居民人均可支配收入18 978元，同比增长17.8%。

第二章　耕地地力调查与评价

耕地地力调查与质量评价是对县境内的耕地的土壤属性、养分状况等的调查，应用 GIS、GPS 等现代科学手段，建立耕地资源基础数据库和质量管理信息系统，对全县耕地地力予以划等定级。为指导农业生产、培肥土壤保养耕地、发展无公害农产品生产等提供科学依据。

第一节　调查内容与方法

一、调查内容

（一）资料收集

耕地地力调查与评价是在充分利用现有资料的基础上，结合本次调查结果，利用计算机等高新技术来综合分析和评价的，因此资料收集是其中一项重要的内容。

1. 图件资料

根据调查工作需要，收集了地形图（1∶5 万）、土壤图（1∶5 万），土地利用现状图（1∶5 万）。

2. 数据及文本资料

收集了第二次土壤普查的有关文字和养分数据资料，2008 年、2009 年的农业统计资料，县域气候资料，历年来的土壤肥力监测点田间记载和化验结果资料，水利部门基本农田及水利设施建设、土地管理部门关于土地资源调查等方面的资料。

（二）野外调查内容

根据技术规程要求，结合志丹县实际情况，设计了《采样点基本情况调查表》《农户施肥调查表》《农户收入支出情况调查表》，主要内容有土壤类型、土壤性状、农田基础设施、生产性能与管理、产量水平、农民种植业等方面的情况。

二、调查方法

调查和布点的合理性，直接影响到评价的结果。进行科学合理的调查布点是耕地地力调查与质量评价的基础，而样品采集的质量又是整个“耕地地力调查与质量评价”工作的关键。因此，样点的设置必须达到调查技术规程所确定的精度要求，并与当前的农业生产实际相结合，样品的采集严格按照耕地地力调查采样方法的要求操作。

(一) 布点原则

从能够保证获取信息的典型性和代表性，提高耕地地力调查与质量评价结果的准确性与可靠性和提高工作效率出发，此次调查布点遵循以下几项原则：

1. 全面性原则

首先，是指调查内容的全面性。耕地地力是在当前管理水平下，由耕地土壤本身特性、自然背景条件和基础设施水平等综合要素构成的耕地生产能力。影响耕地地力的因素，既包括土壤自身的环境，也包括灌溉水及农业生产管理等自然和社会因素。因此，科学地评价耕地地力水平，就需要对影响耕地质量的诸多因子进行全面的调查。

其次，是指取样布点地域的全面性。志丹县地形地貌复杂，有河谷川地、残塬和梁峁丘陵等多种地形地貌。每种地貌的土地利用方式、农业利用现状、成土母质、土壤类型、农田基础设施等有所不同，在布点上要全面兼顾每个区域。

再次，是指取样布点对土壤类型的全面性。对区域内大部分土种均进行了布点。

最后，是指取样布点对作物种类全面性。志丹县农业种植品种繁多，除苹果外，还有玉米、马铃薯等多种经济作物品种，分布广泛，布点上针对这些作物实行全面布点。

2. 均衡性原则

一是指采样布点在空间上的均衡性，即在确定样点布设数量的基础上，调查区域范围内样点的分设要均衡，避免某一范围过密，某一范围过疏。

二是根据不同地貌类型的面积比例和不同土种面积的大小进行布点，既要考虑各种地貌类型面积的比例，又要兼顾土种区域分布的复杂性。

3. 客观性原则

是指调查内容要客观反映农业生产的实际需要，既突出耕地地力本身的基础性，又要体现为当前生产直接服务的生产性，既着眼于当前，更要着眼于农业生产发展。调查结果应客观真实地反映耕地地力水平状况，着力做到调查结果的真实性、准确性。

4. 可比性原则

尽量在第二次土壤普查的剖面或农化样点点位上布点。

（二）布点方法

根据《全国耕地地力调查与质量评价技术规程》规定，按照全面性、均衡性、客观性的原则，采取先室内后室外，先调查后分析，并利用 GPS 仪进行野外取样点的定位。

第一，根据规程要求，结合志丹县实际，将大田地采样点的密度定为平均 5 ~8 个点/km^2。

其次，将土壤图、行政区划图以及土地利用现状图数字化叠加形成评价单元图。

第三，以评价单元图为工作底图，根据图斑的个数、面积、种植制度、作物种类、产量水平等因素确定布点数量和点位，并在图上标注野外编号。

最后，按照土种、作物种类、产量水平等因素，分别统计不同的评价单元的布点数量，并根据需要进行适当调整。

根据上述布点原则和方法，在全县 4.9 万 hm^2的耕地上共布设大田采样点 2 894个。

三、调查步骤

（一）准备工作

1. 物质准备

包括野外取样所需的 GPS 定位仪、不锈钢锹、钢卷尺、剖面尺、土袋、标签以及调查记录本等物质的准备。

2. 组织准备

成立了 16 个野外调查组，每个调查组配备熟悉的野外采样技术人员，以保证识土、识图的准确性。为确保取样质量，专门成立检查组，由技术组组长带队进行现场检查和巡回指导，保证外业调查取样的质量和精度。

（二）技术培训

为保证调查方法和标准的统一，在野外调查采样前组织所有外业调查人员进行技术培训，针对野外调查内容、方法、需注意事项等进行详细讲解，并编写外业调查附件资料，配发给各调查组，内容包括《野外调查取样方法和要求》《耕地土壤类型对照表》《大田样点基本情况调查表》和《农户调查表》等资料。

（三）调查与取样

1. 根据工作底图确定取样点位

结合地形图，到实地确定采样地块，若图上标注点位在当地不具典型性，通过实地调查与走访，另选典型点位，并在底图上标明准确位置。

2. 调查取样

取样点位确定后，利用 GPS 定位仪确定经纬度，并与取样地块的农户和当地技术人员进行座谈，按取样点调查表格要求，详细填写农户、样田面积、种植制度，近三年的平均产量、作物品种，生产管理和投入产出等内容，并通过实地调查，填写土壤结构、剖面构成、成土母质、灌溉方式、水源保障等农田基础信息。

为避免施肥的影响，取样时期确定在作物收获前后，用不锈钢土钻等工具采样，每一土样选取有代表性的田块，采用“S”法均匀随机采取 15 个点混匀后用四分法留取 1kg 土样装袋以备分析。取样深度为玉米、马铃薯 0～20cm 土层。

（四）资料整理与统计

对所取土壤样品进行系统整理，由外业组和分析组人员逐一核对，准确无误后，填写《耕地地力调查农化分析样品登记表》交由化验室处理。对每张调查表格中的每项调查内容逐一录入管理信息数据库。

第二节　样品分析与质量控制

一、分析项目及方法

本次调查分析了有机质、大量元素 N、P、K，微量元素 Cu、Zn、Fe、Mn 等 11 个项目，各项目分析化验方法如下。

分析项目	测定方法
土壤有机质	重铬酸钾—硫酸溶液油浴提取
土壤全氮	高锰酸钾—硫酸（加适量辛酸、还原铁粉）加热
土壤碱解氮	碱解扩散法

（续表）

分析项目	测定方法
土壤有效磷	碳酸氢铵浸提—火焰光度法
土壤速效钾	乙酸铵浸提—火焰光度法
土壤有效硫	磷酸盐—乙酸浸提，硫酸钡比浊法
土壤有效锌	DTPA - TEA - $CaCl_2$ 提取—原子吸收光谱法
土壤有效铜	DTPA - TEA - $CaCl_2$ 提取—原子吸收光谱法
土壤有效铁	DTPA - TEA - $CaCl_2$ 提取—原子吸收光谱法
土壤有效锰	DTPA - TEA - $CaCl_2$ 提取—原子吸收光谱法
土壤有效硼	甲亚胺—H 比色法

二、分析测试质量控制

（一）基础实验控制

全程序空白值测定，以消除系统误差。每批次样品做 3 个空白样，从待测试样的测定值中扣除空白值。

（二）标准曲线控制

从国家标准物中心购进国家二级标准溶液，建立标准曲线，标准曲线的线性相关系数达到 0. 999 以上。每批样品均做标准曲线，并重现性良好，每测 10 ~ 20 个样品用一标准溶液校正，检验仪器状况，对浓度较大的待测液，稀释后再测定。

（三）精度控制

每批待测样品中加入 30% 的平行样，测定合格率达到 95%，如果平行样测定合格率低于 95%，需再次重新测定，直到合格率大于 95%。

（四）准确度控制

从国家标准局每批待测样品中，加入两个平行标准样品，如果测得的标准样品值在允许误差范围内，并且两个平行标准样品的测定合格率达到 95%，则这个批次的样品测定结果有效，如果标准样的测定值超过了误差允许范围，这批次的样品需要重新测定，直到达到要求。在整个分析测定工作结束后再随机抽取部分样品进行结果抽查验收。

通过上述几种质量控制方法，确保了整个实验分析的质量。

第三节　耕地地力评价的依据、方法和评价结果

一、评价依据

耕地地力是耕地自然要素相互作用所表现出来的潜在生产能力。耕地地力评价大体可以分为以气候要素为主的潜力评价和以土壤要素为主的潜力评价。在一个较小的区域范围内（主要是县域），气候要素相对一致，耕地地力评价可以根据所在地区的耕地自然环境要素、土壤的理化性状、农田基础设施和管理水平等要素相互作用表现出来的综合特征，揭示耕地潜在的生产力高低。耕地土壤的自然环境要素包括耕地所处的地形地貌、水文地质、成土母质等；理化性状包括土体构型、耕层厚度、质地、容重等物理性状和有机质、氮、磷、钾元素等化学性状；农田基础设施和管理水平包括排灌条件、水土流失状况以及培肥管理措施等。

评价时须遵循以下几个方面的原则。

（一）综合因素研究与主导因素分析相结合的原则

耕地地力是各种要素相互作用的综合体现。综合因素研究是对自然环境、土壤性状以及相关的社会经济因素进行综合研究、分析和评价，以全面了解耕地地力的基本状况；主导因素是指对耕地地力有较大影响和决定作用的，且相对稳定的因子，在评价过程中要着重对其进行分析研究。

（二）定性与定量相结合的原则

影响耕地地力的因素有定性和定量的，评价时定量和定性评价相结合。一般情况下，为了保证评价结果的客观性，尽量采用可定量的评价因子，如有机质、速效钾等，按其数值参与计算评价；非数量的定性因子如地形部位、土体构型、灌溉能力、农田基本设施等要素进行量化处理，确定其相应的指数，尽量避免人为因素的影响。在评价因素的筛选、权重、等级的确定过程中，尽量采用定量化的数学模型，在此基础上，充分应用专家知识，对评价的中间过程和评价结果进行必要的定性调整。

（三）采用 GIS 支持的自动化评价方法的原则

本次耕地地力评价充分应用计算机信息技术，通过建立数据库、评价模型，实现评价的全程数字化、自动化的评价技术流程，在一定程度上代表耕地地力评价的最新技术方法。

二、评价的技术流程

为确保工作的顺利开展，调查工作的全过程始终遵循在区领导小组的统一指导下，坚持充分利用现有成果，切合志丹县实情和应用高新技术的原则，制定了志丹县耕地地力调查与质量评价技术路线。

地力评价的整个过程主要包括 3 个方面的内容：首先是相关资料的收集、计算机软硬件的准备及建立相关的数据库；其次是耕地地力评价，包括划分评价单元，选择评价因素并确定单因素评价评语和权重，计算耕地地力综合指数，确定耕地地力等级；最后是评价结果分析，即依据评价结果，量算各等级的面积，编制耕地地力等级分布图，分析不同等级耕地使用中存在的问题，提出耕地资源可持续利用的措施建议。评价的技术流程见图 2－1，主要分以下几个步骤。

（一）评价指标的选择

耕地地力评价实质是评价地形、土壤理化性状等自然要素对农作物生长限制程度的强弱。因此，选取评价指标时遵循以下几个方面的原则：一是选取的指标对耕地地力有较大的影响；二是选取的指标在评价区域内的变异较大，便于划等定级；三是选取的评价指标在时间序列上具有相对的稳定性，评价结果能够有较长的有效期；四是选取评价指标与评价区域的大小有密切关系。根据上述原则，聘请省、市、区农业方面的 10 余位专家组成专家组，在全国耕地地力评价指标体系框架下，选择适合当地并对耕地地力影响较大的指标作为评价因素。通过投票统计，确定立地条件、土壤性质、肥力状况、土壤管理 4 个项目 12 个因素作为志丹县耕地地力的评价指标。

（1）立地条件。包括坡度、坡向、地貌类型。

（2）土壤性质。包括土壤质地、土壤结构、土体构型。

（3）肥力状况。包括有机质、有效磷、速效钾和碱解氮。

（4）土壤管理。包括农田基础设施、灌溉能力。

（二）评价单元的划分

耕地地力评价单元是具有专门特征的耕地单元，在评价系统中是用于制图的区域；在生产上用于实际的农事管理，是耕地地力评价最基本单位。评价单元划分的合理与否直接关系到评价结果的准确性。本次耕地地力评价采用土壤图、土地利用现状图、行政区划图叠加形成的图斑作为评价单元。土壤图划分到土种，土地利用现状图划分到二级利用类型，行政区划图划分到行政村，同一评价单元的土种类型、利用方式及行政归属一致，不同评价单

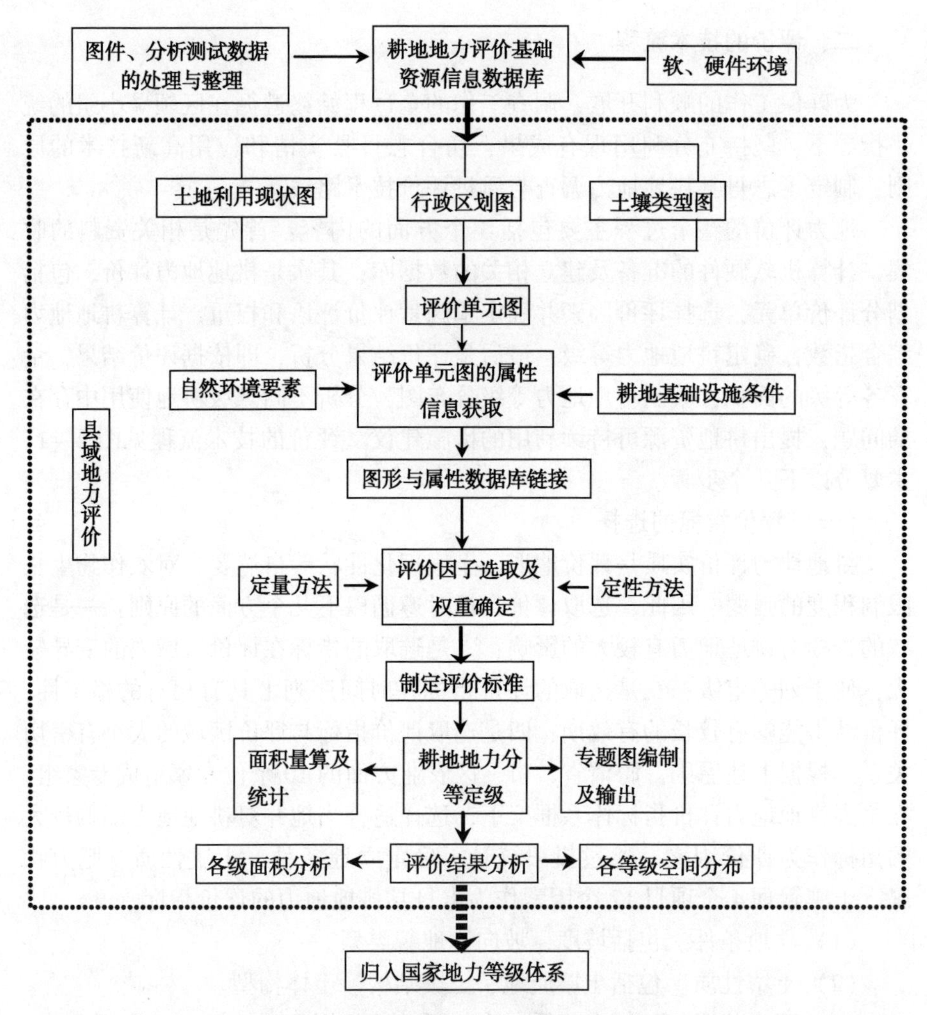

图 2－1　县域耕地地力评价技术路线图

元之内既有差异性，又有可比性。

（三）评价单元获取数据

基本评价单元图的每个图斑都必须有参与评价指标的属性数据。根据不同类型数据的特点，评价单元获取数据的途径不同，分为以下几种途径。

1. 土壤有机质、有效磷、速效钾和碱解氮

均由点位图利用空间插值法，生成栅格图，与评价单元图叠加，使评价单元获取相应的属性数据。

2. 坡度

先由地面高程模型生成坡度栅格图，再与评价单元叠加后采用分区统计的方法为评价单元赋值。

3. 地貌类型

由矢量化的地貌类型图与评价单元图叠加，为每个评价单元赋值。

4. 土体构型、土壤质地、土壤结构、农田基础设施、灌溉能力

以点代面的方法将其赋值给评价单元。

（四）评价过程

应用层次分析法和模糊评价法计算各因素的权重和评价评语，在耕地资源管理信息系统支撑下，以评价单元图为基础，计算耕地地力综合指数，应用累计频率曲线法确定分级方案，评价耕地地力等级。

（五）评价结果

成果内容包括各种电子图鉴、数据表格和分析报告。

（六）归入国家地力等级体系

选择10%的评价单元，调查近3年的粮食产量水平，与用自然要素评价的地力综合指数进行相关分析，找出两者之间的对应关系，以粮食产量水平为引导，归入全国耕地地力等级体系（《全国耕地类型区、耕地地力等级划分》NY/T 309—1996）。

三、评价方法和结果

（一）单因素评价隶属度的计算——模糊评价法

根据模糊数学的基本原理，一个模糊性概念就是一个模糊子集，模糊子集 A 的取值自 0→1 中间的任一数值（包括两端的0与1）。隶属度是元素 X 符合这个模糊性概念的程度。完全符合时隶属度为1，完全不符合时为0，部分符合即取0与1之间一个中间值。隶属函数 μA（x）是表示元素 x_i 与隶属度 μ_i 之间的解析函数，根据隶属函数，对于每个 x_i 都可以计算出其对应的隶属度 μ_i。

1. 隶属函数模型的确定

根据志丹县评价指标的类型，选定的表达评价指标与耕地生产关系的函数模型分为戒上型、直线型和概念型3种，其表达式分别为：

（1）戒上型函数（如有机质、碱解氮等）。

$$Y_i = \begin{cases} 0 & u \leqslant u_t \\ 1/[1 + a_i(u_i + c_i)^2] & u_t < u_i < c_i \quad (i = 1, \cdots, n) \\ 1 & c_i \leqslant u_t \end{cases}$$

（2）直线型（如坡度）。这类指标其性状是定量的，与耕地的生产能力之间是一种近似线性的关系。

（3）概念型指标（如土体构型、坡向等）。这类指标其性状是定性的、综合的，与耕地的生产能力之间是一种非线性的关系。

2. 专家评估值

此项评价邀请了西北农林科技大学及省、市、区土壤肥料等方面的专家10余人，组成专家组。由专家组对各评价指标与耕地地力的隶属度进行评估，给出相应的评估值。通过对专家们的评估值进行统计，作为拟合函数的原始数据。专家评估结果见表2－1～表2－3。

表2－1　数量型评价因素专家评估值

评价因素	项目	专家评估值				
有机质（g/kg）	指标	14	10	8	6	5
	评估值	1	0.9	0.6	0.3	0.2
有效磷（mg/kg）	指标	15	12	10	8	5
	评估值	1	0.9	0.6	0.3	0.2
速效钾（mg/kg）	指标	200	170	130	100	80
	评估值	1	0.9	0.6	0.3	0.2
碱解氮（mg/kg）	指标	40	35	30	25	20
	评估值	1	0.9	0.6	0.3	0.2
坡度（°）	指标	3	—	15	25	30
	评估值	1	0.9	0.6	0.3	0.2

3. 隶属函数的拟合

12项评价因素中5项为数量型指标，可以应用模型进行模拟计算，有7项指标为概念型指标，由专家根据各评价指标与耕地地力的相关性，通过经验直接给出隶属度（表2－2）。根据专家给出的评估值与对应评价因素的指标值（表2－1），分别应用戒上型函数模型和直线型函数模型进行回归拟合，建立回归函数模型（表2－3），并经拟合检验达显著水平者用以进行隶属度的计算。

表 2－2　非数量型评价因素隶属度专家评估值

评价因素	项目	专家评估值							
地貌类型	指标	河谷阶地		黄土丘陵					
	评估值	1		0.6					
土壤结构	指标	团粒	团块	核状	块状	棱柱状	粒状		
	评估值	1	0.9	0.8	0.7	0.5	0.4		
土壤质地	指标	中壤	中偏轻	轻壤	黏壤	沙壤	黏土		
	评估值	1	0.85	0.7	0.6	0.5	0.4		
土体构型	指标	A－P－B－C		A－B－C	A－ BC－C		A－C	AC－C	C
	评估值	1		0.95	0.9		0.7	0.5	0.4
坡向	指标	平地	南	东、西南	东、西		西、东北	北	
	评估值	1	1	0.85	0.7		0.55	0.4	
灌溉能力	指标	能灌		能灌	无灌				
	评估值	1		0.8	0.3				
农田基设施	指标	水浇地		配套	基本配套				
	评估值	1		0.8	0.6				

表 2－3　评价因素类型及其隶属函数

函数类型	项目	隶属函数	a	c	u_1	u_2
戒上型	有机质	$Y=1/[1+a\cdot(u-c)^2]$	0.041181	12.489812	0	12.489812
戒上型	有效磷	$Y=1/[1+a\cdot(u-c)^2]$	0.048948	13.917209	0	38.311818
戒上型	速效钾	$Y=1/[1+a\cdot(u-c)^2]$	0.000250	189.504186	0	13.917209
戒上型	碱解氮	$Y=1/[1+a\cdot(u-c)^2]$	0.011111	38.311818	0	189.504186
负直线型	坡度	$Y=1.073462-a\cdot u$	0.030053	35.718963	2.45	35.718963

（二）单因素权重的计算——层次分析法

层次分析法的基本原理是把复杂问题中的各个因素按照相互之间的隶属关系排成从高到低的若干层次，根据一定客观现实的判断就同一层次相对重要性相互比较的结果，决定该层次各元素重要性先后次序。

在本次耕地地力评价中，把 12 个评价因素按相互之间的隶属关系排成从高到低的 3 个层次（表 2－4），A 层为耕地地力，B 层为相对共性的因素，C 层为各单项因素。根据层次结构图，请专家组就同一层次对上一层次的相对重要性给出数量化的评估，经统计汇总构成判断矩阵，通过矩阵求得各因素的权重（特征向量），计算结果见表2－4～表2－9。

表2－4　志丹县耕地地力评价要素层次结构

目标层（A）	状态层（B）	指标层（C）
耕地地力	立地条件	坡度、坡向、地貌类型
	土壤性质	土壤质地、土壤结构、土体构型
	肥力状况	有机质、碱解氮、有效磷、速效钾
	土壤管理	灌溉能力、农田基础设施

综合评价判断矩阵（A－B_i）

表2－5　B层判断矩阵

A	B_1	B_2	B_3	B_4	权重 W_i
立地条件（B_1）	1	2	3	3	0.4547
土壤性质（B_2）	0.5	1	2	2	0.2630
肥力状况（B_3）	0.3333	0.5	1	1	0.1411
土壤管理（B_4）	0.3333	0.5	1	1	0.1411

特征向量：[0.4547，0.263，0.1411，0.1411]

$CR = CI/RI = 0.003836597 < 0.1$，一致性检验通过。结果表明，此判断矩阵的权重分配是合理的。

表2－6　C层判断矩阵（立地条件）

B	C_1	C_2	C_3	W_i
地貌类型（C_1）	1	1	3	0.4286
坡度（C_2）	1	1	3	0.4286
坡向（C_3）	0.3333	0.3333	1	0.1429

特征向量：[0.4286，0.4286，0.1429]

$CR = CI/RI = 0 < 0.1$，一致性检验通过。结果表明，此判断矩阵的权重分配是合理的。

表2－7　C层判断矩阵（土壤性质）

B	C_4	C_5	C_6	W_i
土壤质地（C_4）	1	2	2	0.5000
土壤结构（C_5）	0.5	1	1	0.2500
土体构型（C_6）	0.5	1	1	0.2500

特征向量：[0.5000，0.2500，0.2500]

CR = CI/RI = 0 <0.1，一致性检验通过。结果表明，此判断矩阵的权重分配是合理的。

表 2－8　C 层判断矩阵（肥力状况）

B	C_7	C_8	C_9	C_{10}	权重（W_i）
有机质（C_7）	1	2	3	3	0.4547
碱解氮（C_8）	0.5	1	2	2	0.2630
有效磷（C_9）	0.3333	0.5	1	1	0.1411
速效钾（C_{10}）	0.3333	0.5	1	1	0.1411

特征向量：[0.4547，0.2630，0.1411，0.1411]

CR = CI/RI =0.003836597 <0.1，一致性检验通过。结果表明，此判断矩阵的权重分配是合理的。

表 2－9　C 层判断矩阵（土壤管理）

B	C_{11}	C_{12}	权重（W_i）
灌溉能力（C_{11}）	1	3	0.7500
农田基本设施（C_{12}）	0.3333	1	0.2500

特征向量：[0.7500，0.2500]

CR = CI/RI =0 < 0.1，一致性检验通过。结果表明，此判断矩阵的权重分配是合理的。

各评价因素的组合权重 $=B_jC_i$，B_j为 B 层中判断矩阵的特征向量，$j=1$，2，3，4；C_i为 C 层判断矩阵的特征向量，$i=1$，2，…，12。各评价因素的组合权重计算结果见表 2－10。

表 2－10　评价因素组合权重计算结果

目标层 A		耕地地力				组合权重 ΣB_iC_j
准则层 B		B_1	B_2	B_3	B_4	
		0.4547	0.2630	0.1411	0.1411	
立地条件 B_1	地貌类型（C_1）	0.4286				0.1949
	坡度（C_2）	0.4286				0.1949
	坡向（C_3）	0.1429				0.0650

（续表）

目标层 A		耕地地力				组合权重 $\sum B_iC_j$
准则层 B		B_1	B_2	B_3	B_4	
		0.4547	0.2630	0.1411	0.1411	
土壤性质 B_2	土壤质地（C_4）		0.5000			0.1315
	土壤结构（C_5）		0.2500			0.0658
	土体构型（C_6）		0.2500			0.0658
肥力状况 B_3	有机质（C_7）			0.4547		0.0642
	碱解氮（C_8）			0.2630		0.0371
	有效磷（C_9）			0.1411		0.0199
	速效钾（C_{10}）			0.1411		0.0199
土壤管理 B_4	灌溉能力（C_{11}）				0.7500	0.1059
	农田基本设施（C_{12}）				0.2500	0.0353

（三）计算耕地地力综合指数（IFI）

利用加法模型计算耕地地力综合指数（IFI），公式如下：

$$IFI = \sum F_i \times C_i \quad (i = 1, 2, 3, \cdots, n)$$

式中，*IFI*——（Integrated Fertility Index）耕地地力指数；

F_i——第 i 个因素的评价评语；

C_i——第 i 个因素的组合权重。

应用耕地资源管理信息系统中的模块计算，得出耕地地力综合指数 *IFI*，最大值为 0.892669，最小值为 0.388364。

（四）确定耕地地力综合指数分级方案

用样点数与耕地地力综合指数制累积频率曲线图，根据样点分布频率，分别用耕地地力综合指数将志丹县耕地分为五级（分级标准见表 2－11）。用累积曲线的拐点处作为每一等级的起始分值。各等级的面积见图 2－2。

表 2－11　综合指数 *IFI* 分级标准

一级	二级	三级	四级	五级
IFI＞0.70	0.65＜IFI≤0.70	0.60＜IFI≤0.65	0.55＜IFI≤0.60	IFI≤0.55

全县总耕地面积 49 354.96hm^2，占总土地面积的 12.99%，其中一级地 4 260.65hm^2，占耕地面积的 8.63%，二级地 4 843.41hm^2，占 9.81%，三级地 22 812.98hm^2，占 46.22%，四级地 15 661.29hm^2，占 31.73%，五级地 1 776.63hm^2，占 3.61%。

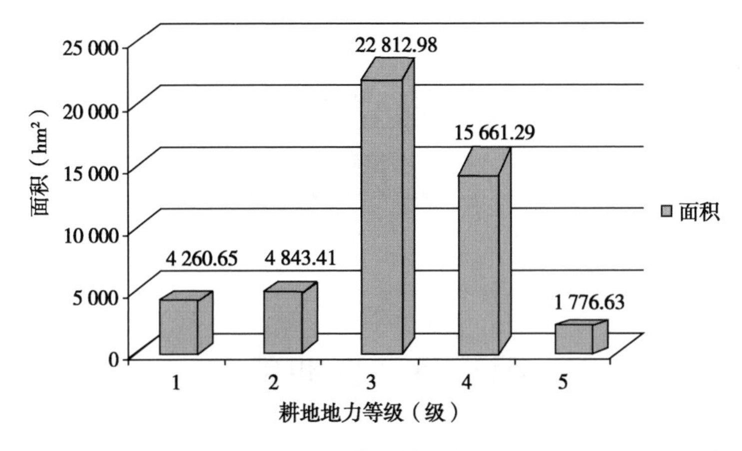

图 2－2　各等级耕地的面积

（五）归入农业部地力等级体系

在上述根据自然要素评价的各地力等级中，分别随机选取 100 块地块，调查了近年来的平均产量，并进行了统计分析，根据调查和统计结果，按农业部《全国耕地类型区、耕地地力等级划分》标准，将本次评价结果的一级地归入农业部地力等级体系的四等地，面积 4 260. 65hm²，二级地归入农业部地力等级体系的五等地，面积 4 843. 41hm²，三级地共有 22 812. 98hm² 归入六等地，四级地面积 15 661. 29hm² 归入七等地和五级地共有 1 776. 63 hm² 归入八等地。（表 2－12）。

表 2－12　归并结果统计

县地力等级	一级	二级	三级	四级	五级
农业部标准	四等	五等	六等	七等	八等
面积（hm²）	4 260. 65	4 843. 41	2 2812. 98	15 661. 29	1 776. 63
产量水平（kg/hm²）	9 000～10 500	7 500～9 000	6 000～7 500	4 500～6 000	3 000～4 500

第三章　耕地立地条件和农田基础设施建设

第一节　立地条件

一、地形地貌

从大地构造单元看，志丹县处于鄂尔多斯地台向斜东南角，陕北构造盆地的西北边缘，属于陕北黄土高原梁峁丘陵沟壑区的一部分。长期以来，在中生代地层及新生代晚第三纪的红土层构成的古地形之上，覆盖了一层很厚的风积黄土，又经长期的侵蚀作用，特别是水蚀切割，形成了今日志丹县境内以梁峁为主的地形。地表支离破碎，山高坡陡，河谷深切，基岩出露。

境内沟壑纵横，洛河、周河、杏子河纵贯县境，河谷、干沟、中沟、切沟、浅沟和细沟纵横交错，呈树枝状或扇状结构。形成三条长蛇状的川道与三条大分水梁由西北向东南蜿蜒崎岖。地势西北高而东南低。纸坊社区的塔畔梁峁海拔 1 741m，是境内最高点；永宁镇马老庄洛河出境处海拔 1 093m，是境内最低点。相对高差 648m，山大沟深、梁窄坡陡，梁顶到谷缘的北坡平缓狭长，阳坡短而陡立。谷缘线以下黄土壁立，崩塌普遍。干沟和河沟的横断面呈宽“V”字形，滑坡、泻溜也时有发生。

按其地貌特征可分为河谷阶地、黄土高原丘陵区两种类型。

1. 河谷阶地

境内洛河、周河、杏子河以及较大支流，普遍发育成冲积阶地。一级阶地相对高出河床 3～10m，阶地堆积物下多为砾石层。海拔高度在 1 101～1 300m，面积较大而连片。二级阶地一般高出河床 15～25m，其上部黄土覆盖的薄厚，阶面相差可达一二十米。由于切沟侵蚀将二级阶地分割成条状、块状。志丹县河谷阶地总面积约 8 789hm^2，占全县总面积的 2.31%，海拔在 1 101～1 388m。河谷阶地土壤类型以黄土性土、淤土、潮土、红土为

主，该地貌类型中耕地面积共有 3 907.97hm^2，约占总耕地面积的 7.92%，

2. 黄土高原丘陵区

志丹县大部分地区都处于黄土高原丘陵区。海拔一般在 1 200～1 700 m。北部的张渠、顺宁、纸坊以及金丁的北部以峁和短梁峁居多，中部的旦八、吴堡、双河、周河等地以梁为主，梁顶间或有大型的孤立峁，愈接近大分水岭部位，以宽梁、长梁居多。梁的基岩骨架亦作梁状，由中生代砂页岩和上更新世红土组成。梁的延伸，排列方向，受水文网制约，梁的宽窄变化与河沟网密度相关联，河沟密度大的、侵蚀严重的地方梁窄而坡度大，呈鱼脊形。河沟密度小的，梁宽而坡度小，呈肥猪背形。梁的走向大致上是西北—东南。西北面长而平缓，东南面短而陡立子午岭北坡的义正、永宁，山梁基座岩石裸露，山腰以上为厚薄不等的黄土披覆，主分水岭作西北向东南延展，次一级分水脊多为东西分布，岭谷交织，波状起伏，乔林茂密侵蚀较弱。面积 371 032hm^2，占全县总面积的 97.69%。土壤类型以黄土性土为主，少量的灰褐土和紫色土等。该地貌类型中耕地面积共有 45 446.99hm^2，约占总耕地面积的 92.08%，见表 3－1、表 3－2。

表 3－1 志丹县耕地地貌分类统计

地貌类型	河谷阶地	黄土高原丘陵区	总计
面积（hm^2）	3 907.97	45 446.99	49 354.96
比例（%）	7.92	92.08	100.00

表 3－2 不同地貌类型上各地力等级的耕地面积

等级		面积统计	
		河谷阶地	黄土高原丘陵区
一级地	面积（hm^2）	3748.02	512.63
	占一级地（%）	87.97	12.03
二级地	面积（hm^2）	129.98	4 713.43
	占二级地（%）	2.68	97.32
三级地	面积（hm^2）	22.91	22 790.07
	占三级地（%）	0.10	99.90
四级地	面积（hm^2）	7.06	15 654.23
	占四级地（%）	0.05	99.95
五级地	面积（hm^2）	—	1 776.63
	占五级地（%）	—	100.00
合计	面积（hm^2）	3 907.97	45 446.99
	占耕地（%）	7.92	92.08

志丹县的耕地主要分布在广阔的黄土高原丘陵区。不同地貌类型上的耕地等级差别见表3－1。耕地等级大致随海拔高度升高而降低，绝大部分的一级地都分布于河谷阶地，大部分的二级地、三级地、四级地都分布于黄土高原丘陵区，五级地全部分布在黄土高原丘陵区，河谷阶地上没有分布五级地。一级耕地在河谷阶地和黄土高原丘陵区的面积分别为3 748.02 hm^2、512.63hm^2；而二级地分别为129.98 hm^2、4 713.43 hm^2；三级地分别为22.91hm^2、22 790.07hm^2；四级地分别为7.06hm^2、15 654.23hm^2；五级地分别为0hm^2、1 776.63hm^2。

二、坡度

坡度的大小是决定耕地地力的重要因素，坡度大，不仅影响机械耕作，而且土层薄，水土流失严重，耕地的综合生产能力低。本次调查的不同坡度上的耕地面积如表3－3所示。志丹县耕地主要分布在3°～15°的坡地上，耕地面积为28 625.05hm^2，占耕地面积的58%，其次是3°～15°的坡地上，占耕地的36.50%，25°～30°的占耕地面积的3.48%，小于3°的占1.55%，大于30°的坡地上只有0.47%的耕地。

表3－3　志丹县坡度统计

坡度（°）	≤3	3～15	15～25	25～30	>30
耕地面积（hm^2）	766.01	18 016.93	28 625.05	1 716.39	230.58
占耕地面积（%）	1.55	36.50	58.00	3.48	0.47

本次调查的不同坡度上不同等级的耕地面积见表3－4。全县≤3°的耕地面积766.01hm^2，占总耕地面积的1.55%，除了四级和五级地外，在各等级耕地中均有分布，其中一级地中所占比例最高。3°～15°的耕地中除了在五级地中分布较少外，在其余的级地中分布都较多，面积约18 016.93hm^2，占耕地总面积的36.50%。15°～25°的耕地中以三级地和四级地分布最多，耕地共28 625.05 hm^2，占耕地总面积的58.00%，25°～30°耕地面积约1 716.39hm^2，该坡度上无一级地和二级地分布，高于30°的耕地中亦无一级地和二级地分布，面积仅230.58hm^2，占耕地总面积的0.47%，主要是分布着五级地，基本上随着耕地地力等级的下降，坡度逐步升高。志丹县耕地坡度分布见图3－1。

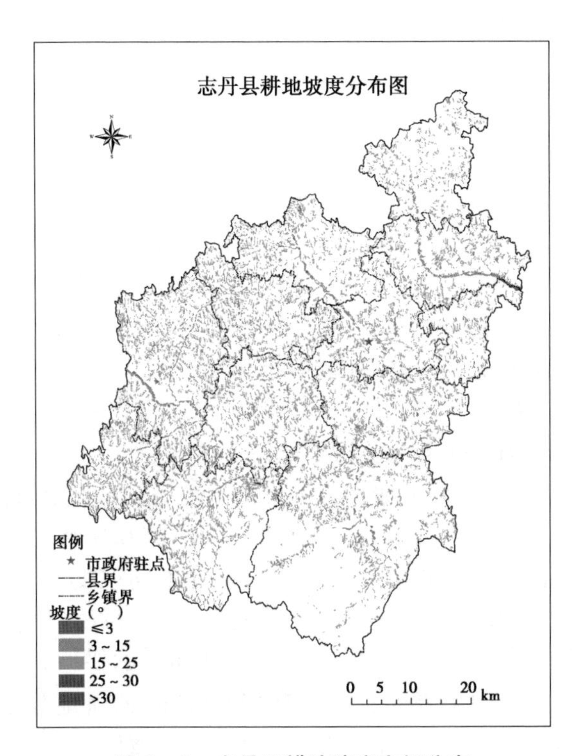

图 3－1　志丹县耕地坡度空间分布

表 3－4　不同等级不同坡度面积统计

面积统计		坡度分级				
		≤3°	3°～15°	15°～25°	25°～30°	≥30°
一级地	面积（hm^2）	738.90	3 398.75	123.00	—	—
	占一级地（%）	17.34	79.77	2.89	—	—
二级地	面积（hm^2）	20.17	4 296.07	527.17	—	—
	占二级地（%）	0.42	88.70	10.88	—	—
三级地	面积（hm^2）	6.94	9 812.17	12 972.33	20.72	0.82
	占三级地（%）	0.03	43.01	56.87	0.09	—
四级地	面积（hm^2）	—	336.12	14 320.81	988.28	16.08
	占四级地（%）	—	2.14	91.44	6.31	0.11
五级地	面积（hm^2）	—	173.82	681.74	707.39	213.68
	占五级地（%）	—	9.78	38.37	39.82	12.03
合计	面积（hm^2）	766.01	18 016.93	28 625.05	1 716.39	230.58
	占耕地（%）	1.55	36.50	58.00	3.48	0.47

一级地平均坡度6.46°，主要分布在3°~15°坡地上，其中3°坡以下的面积为738.90hm^2，占到一级地面积的17.34%；3°~15°的面积有3 398.75 hm^2，占一级地面积的79.77%，15°~25°的面积为123.00hm^2，占一级地面积的2.89%；二级地平均坡度10.63°，主要分布在3°~15°坡地上，其中3°坡以下的面积为20.17hm^2，占到二级地面积的0.42%；3°~15°的面积有4 296.07hm^2，占二级地面积的88.70%；15°~25°的面积有527.17hm^2，占到二级地面积的10.88%；二级地在大于25°的坡地上没有分布；三级地平均坡度15.48°，主要是分布在3°~15°坡地和15°~25°坡地上；分别占到三级地面积的43.01%和56.87%；在小于3°和大于25°的坡地上分布很少；四级地平均坡度20.82°，主要分布在15°~25°坡上，共有面积14 320.81 hm^2，占四级地面积的91.44%；四级地在≤3°坡地上没有分布，在其余坡地有少量分布；在3°~15°坡地上有336.12hm^2，占到四级地面积的2.14%，25°~30°坡地上有988.28hm^2，占到四级地面积的6.31%；≥30°坡地上有16.08hm^2，占到四级地面积的0.10%；五级地平均坡度25.45°，五级地主要分布在15°~25°和25°~30°坡地上，面积分别为681.74和707.39hm^2，分别占五级地的38.37%和39.82%，有173.82hm^{2}的耕地分布在3°~15°坡上，占到五级地面积的9.78%，另外有213.68hm^{2}的耕地分布在≥30°的坡地上，占五级地面积的12.03%，五级地在≤3°的坡地上没有分布。

三、坡向

坡向对于黄土高原生态有着较大的作用。山地的方位对日照时数和太阳辐射强度有影响从而对耕地的综合生产能力产生影响。一般辐射收入南坡最多，其次为东南坡和西南坡，再次为东坡与西坡及东北坡和西北坡，最少为北坡。向光坡（阳坡或南坡）和背光坡（阴坡或北坡）之间温度或植被的差异常常是很大的。南坡或西南坡最暖和，而北坡或东北坡最寒冷，东坡与西坡的温度差异在南坡与北坡之间。坡向对降水的影响也很明显。由于一山之隔，降水量可相差几倍。由于光照、温度、雨量、风速、土壤质地等因子的综合作用，坡向能够对植物发生影响，从而引起植物和环境的生态关系发生变化。

本次调查的不同坡向上不同等级的耕地面积见表3－5。平地占所有耕地的8.06%，面积为3 979.02hm^2；南坡向的面积为2 991.50hm^2，占所有耕地的6.06%；东南坡向的面积为4 281.62hm^2，占所有耕地的8.68%；西南坡向的面积为5 921.17hm^2，占所有耕地的12.00%；东坡向的面积为

6 256. 22hm²，占所有耕地的 12. 68%；西坡向的面积为 11 571. 53hm²，占所有耕地的 23. 45%；西北坡向的面积为 6 160. 39 hm²，占所有耕地的 12. 48%；东北坡向的面积为 6 367. 67hm²，占所有耕地的 12. 90%；北坡向的面积为 1 825. 84hm²，占所有耕地的 3. 70%。在志丹县的坡耕地中，各个坡向上均有不同地力等级的耕地分布。

表 3－5　不同地力等级坡向分布统计

地力等级		平地	南	东南	西南	东
一级地	面积（hm²）	1 895. 79	330. 36	412. 23	377. 83	367. 53
	比例（%）	44. 49	7. 75	9. 68	8. 87	8. 63
二级地	面积（hm²）	1 794. 12	327. 72	356. 07	725. 02	266. 50
	比例（%）	37. 04	6. 77	7. 35	14. 97	5. 50
三级地	面积（hm²）	235. 80	1 700. 08	2 279. 98	3 046. 80	3 371. 47
	比例（%）	1. 03	7. 45	9. 99	13. 36	14. 78
四级地	面积（hm²）	41. 38	559. 08	1 080. 30	1 579. 04	2 068. 95
	比例（%）	0. 27	3. 57	6. 90	10. 08	13. 21
五级地	面积（hm²）	11. 93	74. 26	153. 04	192. 48	181. 77
	比例（%）	0. 68	4. 18	8. 61	10. 83	10. 23
合计	面积（hm²）	3 979. 02	2 991. 50	4 281. 62	5 921. 17	6 256. 22
	比例（%）	8. 06	6. 06	8. 68	12. 00	12. 68

地力等级		西	西北	东北	北
一级地	面积（hm²）	234. 01	43. 38	434. 74	164. 78
	比例（%）	5. 49	1. 02	10. 20	3. 87
二级地	面积（hm²）	877. 26	273. 42	181. 93	41. 37
	比例（%）	18. 11	5. 65	3. 76	0. 85
三级地	面积（hm²）	5 685. 64	2 822. 04	3 000. 77	670. 40
	比例（%）	24. 92	12. 37	13. 15	2. 95
四级地	面积（hm²）	4 257. 29	2 727. 03	2 531. 68	816. 54
	比例（%）	27. 18	17. 41	16. 17	5. 21
五级地	面积（hm²）	517. 33	294. 52	218. 55	132. 75
	比例（%）	29. 12	16. 58	12. 30	7. 47
合计	面积（hm²）	11 571. 53	6 160. 39	6 367. 67	1 825. 84
	比例（%）	23. 44	12. 48	12. 90	3. 70

第二节　农田基础设施

农田基础设施是农田高产稳产和农业可持续发展的重要保障，自新中国成立以来，志丹县就开展了以水利利用和保护为中心的农田基本建设，进入20世纪90年代，随着农业生产水平的提高，志丹县加大了投资力度，重点开展了水利、农业、林业、机械等方面的建设，在一定范围和一定程度上改善了农业生产的基础条件，提高了耕地的生产能力。

一、水利设施

志丹县三条川纵贯南北，还有20条常年流水的较大支流，水利资源比较丰富。据1983年年报，全县有抽水站278处，有效灌溉面积885.2hm^2，机电井113眼、有效灌溉面积392.87hm^2；水轮泵站4处，有效灌溉面积76.53hm^2；水库塘池8座，有效灌溉面积316.87hm^2，总计有效灌溉面积1 671.47hm^2。

二、水土流失治理

曾经的志丹县，植被稀疏，林草退化，自然灾害频繁发生，水土流失面积占总土地面积的88.5%，是全国生态脆弱、黄河流域水土流失最为严重的县份之一。面对“群山恶水”，历届志丹县委、县政府深刻认识到林业是一项重要的公益事业和基础产业，早在1997年，就提出了石油强县、科教强县、林牧大县“两强一大”发展战略，并为此进行了不懈努力。1999年，随着山川秀美工程的全面启动，退耕还林、天保工程、“三北”防护林四期工程、德国援助造林等重点项目相继实施，志丹县“构建生态大县、再造绿色家园”的步伐明显加快。2000年以来，全县累计新增造林11.7万hm^2，其中依托重点工程造林10.94万hm^2，占新增造林面积的93.5%。特别是2006年以来，新一届县委、县政府围绕打造“生态大县、文化名县、经济强县”的发展战略，确立了创建全国绿化模范县的奋斗目标，全面推行了各级领导任期绿化目标责任制，成立了由县长任组长的创建领导小组，全县上下迅速兴起了一场轰轰烈烈的“绿色革命”，志丹县山川大地的基色逐步实现了由黄到绿的历史性巨变。

第三节　植被覆盖

志丹县的植被类型主要是灌丛草原植被类型。现在森林是在清朝同治年间，民族纠纷，人口骤减，土地撂荒后重新生长起来的天然次生林，集中在子午岭北麓洛河以南的永宁、义正两地。洛河以北的双河、旦八、纸坊等区，尚有小片残留的天然次生林和疏林以及灌木群落，荒山以草本灌丛占优势。

构成林分的优势树种主要有小叶杨、栎类（蒙古栎、麻栎、辽东栎）、白桦、侧柏等。在灌木群落里散生的乔木和杜梨、山杨、山杏、榆树等。近年人工营造的林地则以刺槐、小叶杨、杏树、柳树、苹果为主。森林人工次改以油松为主。荒山以草本灌丛占优势，散生一些山杨、山杏、杜梨，川道坡面有人工栽植的刺槐、杨、柳等。灌木占优势的是黄刺玫、沙棘、狼牙刺、荆条、酸枣、文冠果、柠条、胡枝子、枸杞等。草本植物主要有针茅、萎陵莱、茵陈蒿、宾草、地椒、沙蓬等。人工种植的有沙打旺、紫花苜蓿、草木樨。在境内子午岭北部呈“岛状”分布的有相当数量的辽东栎林、山杨林、白桦林、侧柏林，是次生的乔林植被。乔林下的灌木草本植物主要有胡枝子、紫苑、艾蒿、白羊草、野菊花、四季青、黄精、白山羊草、铁杆蒿、黄背草等。

第四章　耕地土壤属性

第一节　耕地土壤类型及分布

志丹县的基岩以红色砂岩为主，部分地区伴有泥质页岩。基岩之上覆盖着厚度不同的黄土层。志丹县土壤共有10个土类，13个亚类、23个土属和55个土种。主要土壤是黑垆土、黄土性土、灰褐土、红土、淤土、潮土、沼泽土、草甸土、紫色土和水稻土。

黄土和黄土沉积母质，广泛分布于志丹县。它是第四纪陆相风积物。黄土层自上而下为新黄土（马兰黄土）—老黄土（离石黄土）—古黄土（午城黄土）。新黄土覆盖在老黄土之上，一般厚度10~20m，组成物质比较均一，粉粒为主，浅黄或灰黄，具有石灰反应，水分易下渗，保水性差，疏松易碎。易水蚀和风蚀。离石黄土呈浅褐色，结构坚实，孔洞稀少，透水性差，夹有古土壤层（红色条带）多者达10多层到20多层左右，抗蚀力稍强于马兰黄土。老黄土土层中有多层红色黏层，为埋藏的古黄土，褐色，无石灰反应。黄土具垂直节理，往往因崩塌形成直立的黄土柱，黄土崖。含有大量的石灰质，有各种形态、大小不等的石灰质结核。黄土中含矿物成分主要是石英、长石、方解石、角闪石等。在黄土上发育成的土壤有：黑垆土、碳酸盐灰褐土等。黄土状物是黄土经过搬运，再次沉积的次生黄土，呈黄灰色或浅棕黄色，有层理且不整齐，质地不均一，有时夹砂或夹卵石。一般在洛河、周河、杏子河的河谷川台地上和高阶地上分布。发育的有川台黄绵土、沟条黄绵土等。

三趾马红土是在老黄土之下，第三纪保德期红土风积在中生代岩石之上。一般在志丹县的河谷陡坡或沟头，沟道底部露头。呈棕红色，棱块状结构。质地黏重，透水性差，孔隙度小，通气不良，群众称之为“湿时一团糟，干时一把刀”。有料姜层，无石灰反应或弱石灰反应。在三趾马红土母质上的土壤有料姜红胶土，生草料姜红胶土、生草料姜二色土，生草红胶土等，肥力差，耕性不良。

洛、周、杏三条河流携带的泥沙，黄土沉积在河床两岸而成。由于流水的分选，沉积物的质地变化很大，距河道愈远沉积物愈细，层次分明，每层厚度因距河道远近而异，愈远愈厚。组成物比较复杂，有黄土、细砂、粗砂、底部夹有砾石等。组织疏松，水分易渗透，无结构，孔隙少。在冲积物上的土壤有淤土、砾质土、潮土等。

坡积物是岩石风化物或其他物质经流水或重力作用搬运而在坡脚堆积而成。坡积物分选性差，砾石和大小土粒相混杂，没有层理性，夹杂的砾石由于搬运距离短，棱角明显，堆积厚度从坡上至坡角逐渐加厚，有的厚度可达数米，结构疏松。在这种母质上发育的土壤有二色土、川台黄绵土、砾质土等。

残积物在志丹县主要是砂岩或页岩风化物未经搬运而堆积在原地方。其岩性疏松，岩石易风化，母岩中含有较多的碳酸盐。矿物质化学风化微弱，质地较轻，石灰反应强烈。在残迹母质上发育成的土壤靠近基岩，在志丹县主要有紫色土、碳酸盐灰褐土，粗骨性土。志丹县耕地土壤统计特征如表4－1。

表4－1　不同土壤类型的耕地面积统计表

项目		土壤类型				
		黑垆土	潮土	红土	黄土性土	灰褐土
面积	(hm^2)	180.61	133.80	916.75	40 953.50	6 238.03
	%	0.36	0.27	1.86	82.98	12.64
项目		土壤类型				
		淤土	紫色土	草甸土	水稻土	
面积	(hm^2)	800.62	122.07	6.73	2.85	
	%	1.62	0.25	0.01	0.01	

一、黑垆土

黑垆土具有深晒太阳的灰褐色垆土层，是一个古老耕种土壤。它是发育在深厚疏松的黄土母质上，是一种地带性土壤，土层深厚疏松，在深厚的黄土地区，地下水位很低，地面水分蒸发量大，表层水分较少，植物为了生存，根系深扎（深根性农作物根深可达数米），渗透水沿根际下渗，含根性植物也深入土层。死亡的根系和地面枯枝落叶都为黑垆土提供了丰富的有机质和形成腐殖质层创造了条件。同时，志丹县夏季高温多雨，植物生长繁茂，对土壤有机质补充和转化十分有利。秋季气温下降快，而地温下降慢，土壤湿度大，土壤孔隙为水分侵占，土壤空气少，适于嫌气性微生物活动，是合成储存土壤腐殖质的有利季节；冬季漫长寒冷，土壤几乎处于休眠状态，在这样的生物气候条件下，腐殖质积累超过了分解消耗部分，因此积累了深厚的腐殖质层，这是自然成土过程的产物。黑垆土全剖面呈强石灰反应，由于志丹县秋季湿润，既有利于土壤原生矿物分解和次生矿物的形成，也提高了土壤水溶性盐的溶解度，并随着下渗水而向下迁移，土壤易解性元素受到淋溶，使土壤中很少或没有 Cl^-、SO_4^-、可溶性 K^+、Na^+ 盐类，一部分迁移，一部分明显下移并在土壤中重新分配。所以土壤 $CaCO_3$ 分布均匀，$CaCO_3$ 以假菌丝或白色散斑状淀积在中下部，全剖面呈碳酸盐反应，并向黏化的成土方向发展。

志丹县黑垆土土类主要是普通黑垆土。黑垆土面积 180.61hm^2，占全县耕地面积的 0.36%。志丹县黑垆土包括的土属有黄盖黑垆土和侵蚀黑垆土，包括的土种有中层黄盖黑垆土、五花土、轻度侵蚀黑垆土、中度侵蚀黑垆土、强度侵蚀黑垆土。

二、黄土性土

黄土性土是志丹县主要耕种土壤类型，它是发育在黄土母质上，黄土深厚而松散，一般厚度 125cm。最厚达 180cm，颜色黄棕。无层理结构，胶结性弱，易被揉碎，质地均一，富含石灰质。黄土性土有母质侵蚀型（包括过去侵蚀，现在侵蚀和人为侵蚀）和堆积型（水和重力等形成的）两大类，但它们都是发生在黄土母质上的幼年土壤。黄土性土实质上是成土过程（以耕种熟化为主）和地质过程（以侵蚀为主局部为堆积）对立统一的产物。在人为耕作的直接影响和水土流失的破坏作用下，进行着两种显然不同相互对立的成土过程。一种是熟土化过程，另一种是生土化过程。熟土化过程是人类耕种施肥条件下发生的过程。不同的土壤环境熟化过程强弱不同，坡地土壤由于侵蚀，熟化过程常处于初期阶段，土壤属半熟化状态，坡脚及河谷川台地的黄土性土，由于地低平坦，堆积作用大于侵蚀作用。又由于人类耕作施肥占主导地位，耕作层加深，熟化层加厚，肥力逐渐提高，成土作用日渐深化。但绝对成土年龄短，仍处在幼年发育状态。生土化过程，在缺乏水土保持措施的坡地上，由于不合理的利用方式和耕作方法，引起严重的土壤侵蚀，随着侵蚀时间延续和侵蚀程度加剧，土壤表层逐渐被剥蚀，黄土母质逐次出露，形成黄土性土。在生土化过程中同时也进行着人为的熟化过程，但是不合理的土地利用所造成的耕种侵蚀，反而加剧了水土流失，助长了生土化过程的发展，致使土壤流失不断进行，土壤熟化过程始终处于半熟化阶段，水土流失愈强，熟化过程愈弱，耕层愈薄，土壤肥力愈差，土壤发育过程越不明显。黄土性土成土年龄短，受母质影响大，处在梁坡上的黄土性土，在未采取水土保持措施前，耕种侵蚀过程强烈。熟土层年年被冲刷，表层浅薄，陡坡侵蚀非常强烈，新黄土被侵蚀净尽，老黄土暴露土面，坡黄绵土逐渐被耕性差的红土所代替。又因侵蚀严重，不得不弃种。阶地低平地的黄土性土，由于熟化过程占主导地位，肥力较高。黄土性土随着耕种历史的延长，分化越来越明显，演变规律，因地形部位，肥力条件以及人为耕作措施不同而不同。

黄土性土在志丹县广泛分布，是志丹县分布最广的土种，共有坡黄绵土、梯黄绵土，川台黄绵土、沟条黄绵土四个土属，有川台黄绵土、川台灰黄绵土、沟条地黄绵土、沟条地灰黄绵土、平缓坡黄绵土、缓坡黄绵土、陡坡黄绵土、立坡黄绵土、湾塌黄绵土、生草黄绵土、梯田黄绵土、梯田灰黄绵土这 12 个土种。志丹县黄土性土面积为 40 953.50 hm^2，占耕地面积的 82.98%。

三、灰褐土

灰褐土是乔林植被下发育的土壤，主要发育在深厚的黄土母质上，机械组成以粉砂成分为主，地形高于周围地区，加之乔林影响，降水多，湿度大，气温稳定，蒸发弱，宜于乔灌草的生长，腐殖质层深厚，土壤富含有机质，有较好的团粒结构。志丹县灰褐土主要分布在南部林区，全剖面中强石灰反应，有比较明显的剖面发育，志丹县灰褐土土类有一个亚类为碳酸盐灰褐土。

碳酸盐灰褐土主要分布在植被较好的阴坡，半阴坡及草灌茂密的梁峁间，母质以黄土母质为主，土层厚，有良好的粒状或团粒状结构，中壤质地，上松下紧。志丹县碳酸盐灰褐土，只有在黄土母质上发育的一个土属，耕地灰褐土面积约为 6 238.03 hm^2，占耕地面积的 12.64%，居于志丹县耕地土壤面积的第二位。在志丹县主要有粗骨性灰褐土、红土母质发育、黄土母质发育和砂页岩母质发育这四个土属，分为粗骨型灰褐土、厚腐殖质层碳酸盐灰褐土、中腐殖质层碳酸盐灰褐土、薄腐殖质层碳酸盐灰褐土、中土层碳酸盐灰褐土 5 个土种。

四、红土

红土是第三纪红土与第四纪红色土露出地表所形成的土壤。主要分布在沟缘线以下的陡坡沟头，无剖面发育，质地黏重，块状结构，孔隙度小，通气不良，透水性差，侵蚀较重，肥力较低，全县各地面积不等均有分布。红土面积为916.75hm^2，占志丹县土壤耕地面积的1.86%，志丹县红土分为红土和红胶土两个亚类，包括红胶土、红土、硬黄土和二色土4个土属，所包含的土种有料姜红胶土、生草红胶土、生草料姜红胶土、生草料姜红土、生草红土、红土、料姜硬黄土、生草硬黄土、生草料姜硬黄土、料姜二色土、生草料姜二色土。

五、淤土

淤土是近代冲积作用形成的厚层土壤。透水，易耕种，土质优良，水利条件较好，潜在肥力高，宜精耕细作，但应注意适时适量施肥，搞好防洪工作。淤土主要分布在川道河谷的阶地上，淤土有淤土亚类，按底砂石厚度，部位和砾石的含量分为河淤土、坝淤土两个土属，14个土种。河淤土成土母质为河流洪积和冲积物。所淤积的泥沙厚度、沙粒、砾石的大小等均不相同也就形成了多种土种。其主要剖面特征一般是质地层次较为明显。因此河淤土，土壤疏松，易耕，透水漏肥，抗旱能力差，养分含量低，发小苗不发老苗。坝淤土是在洪积、冲积母质上形成的，具有河淤土和洪淤土的某些特点，由于不断接受山坡流来的洪积物，土层逐年加厚，潜在肥力高，土壤肥沃，养分含量高，淤积层明显；耕层较紧，通透性差，是肥力较高的土壤类型。淤土在志丹县面积为800.62hm^2，占耕地面积的1.62%。志丹县所包含的土种有坝淤土、坝淤二色土、淤黄绵土、淤泥沙土、淤二色土、表砾质淤绵沙土、川台地淤绵砂土、浅位硖砂石淤绵沙土、深位硖砂石淤黄绵土、底砂石厚层淤黄绵土、少砾质土、中砾质土、多砾质土、砾石土。

六、潮土

潮土又名耕种草甸土，直接在河流沉积物上，受地下水活动的影响，经人为耕种熟化过程形成的一类土壤。潮土形成主要发生两个成土过程，一是潮化过程（锈水化过程）。因河滨地带地下水位较高，毛管水活动强烈，土壤湿度大，夜间地面常潮湿，故群众称“夜潮土。”在地下水季节性升降影响下，氧化还原作用交替进行，而影响土壤中物质的溶解、移动和淀积，土体中常形成青色的铁锈斑纹、铁锰核和石灰核。潮土受水文地质条件制约，使它不同于沼泽化过程也不同于其他淋溶过程。二是耕种熟化过程。潮土受人为耕种熟化过程的影响，土壤有机质遭到了强烈分解，腐殖质积累不多，养分含量不高，但在长期耕种管理条件下，高度熟化，水、肥，气、热四性比较稳定而协调；生产性能较好。地处较高的潮土地块，因地下水较深，地下水侧渗透缓慢，毛管运动达不到地表，土壤无盐渍化威胁。地处洼地，因地下水位高，有滞水现象，季节性水位变化较大，土壤出现盐化现象。志丹县的潮土主要分布在永宁、义正、吴堡的川道，面积 133.80hm^2，占耕地面积的 0.27%。志丹县的潮土有潮土、盐化潮土和黑潮土 3 个土类，包括潮土、泥质盐化潮土、沙质黑潮土 3 个土属以及潮土、轻度盐化潮土、残迹黑潮土 3 个土种。

七、水稻土

水稻土是在长期水耕熟化条件下形成的一种特殊农业土壤类型，土体物质的氧化、还原强度是水稻土不同属性形成的内在原因。志丹县水稻土比重小，全县仅 2.85hm^2、只占总耕地面积的 0.01%。志丹县水稻土类只有潴育型水稻土一个亚类，锈斑泥质田土种。所处地形平坦，种稻时间较短，地下水位较低，质地以轻壤为主，土壤有机质含量较高，耕层呈灰黄色，由于排水良好，土壤生产性能较高。但是，如果灌水不当，重灌轻排，导致地下水位进一步升高，潴育型水稻土也会向性状不良的潜育型水稻土演变。

八、草甸土

草甸土是接受地下水季节性侵润影响，在草甸植被下发育的一类半水成土壤。草甸过程有两个方面：一是地面生长草甸类植被，形成土壤有机质积累；二是地下水位较高，土层下部直接受地下水的浸润，有季节性氧化还原交替过程而完成的。其剖面特征，耕层灰棕色，质地上轻下重，潮湿，有锈纹锈斑。草甸土有机质含量较高，土壤结构好，地下水位较高，水生植物生长繁茂，可开垦利用，使其作物生长旺期和水分蒸发旺期，地下水沿毛管上升能源源不断地供给作物的需要，并补充土壤水分的消耗。这种土壤既能满足作物对养分的需要，又能满足对水分的吸收，适宜于种植各种作物。志丹县草甸土土类只有草甸土一个亚类，主要分布在永宁、义正，面积 6.73hm^2，占耕地土壤面积 0.01%。

九、紫色土

紫色土面积 122.07hm^2，占耕地面积的 0.25%，主要分布在旦八、永宁、双河、纸坊，志丹县只有石灰性紫色土一个亚类，包括厚土层紫色土、紫色土两个土种。石灰性紫色土系紫色岩风化物发育成的。全剖面无明显层次分化，有石灰反应，土层中物质的淋溶和淀积较弱，表层多为粒状，较疏松，底层较黏重，质地沙轻，通气透水性好，能保水保肥，肥力较高。

第二节　耕地土壤的有机质及大量元素养分现状

本次调查的耕地土壤（0～20cm）有机质、全氮、有效磷、速效钾和碱解氮含量和分级面积统计结果见表4－2至表4－7，养分分级主要按全国第二次土壤普查时的分级标准，个别养分在第二次土壤普查的分级标准下作了详细划分。

表4－2　各土类耕地土壤的养分含量

土类	统计项目	有机质（g/kg）	全氮（g/kg）	碱解氮（mg/kg）	有效磷（mg/kg）	速效钾（mg/kg）
黑垆土	变幅	6.90～8.40	0.41～0.55	25.30～34.30	8.20～10.50	105～142
	平均	7.70	0.47	30.15	9.18	120.38
黄土性土	变幅	5.70～9.60	0.35～0.60	23.70～36.20	7.60～12.30	88～181
	平均	7.24	0.44	28.96	9.83	130.05
灰褐土	变幅	5.70～9.50	0.35～0.57	23.80～36.50	7.90～12.30	88～175
	平均	7.25	0.44	29.61	9.69	128.86
红土	变幅	6.00～9.30	0.36～0.53	25.70～34.00	8.30～11.80	103～163
	平均	6.95	0.42	28.49	9.81	134.91
淤土	变幅	5.90～9.20	0.37～0.53	25.10～33.60	8.10～11.80	98～178
	平均	7.04	0.43	28.47	9.95	137.14
紫色土	变幅	5.90～8.10	0.36～0.48	25.10～32.10	8.90～11.20	99～154
	平均	7.04	0.42	28.68	10.01	118.14
潮土	变幅	6.50～8.50	0.39～0.58	27.20～33.70	9.00～12.00	107～173
	平均	7.38	0.45	30.07	9.87	135.00
水稻土	变幅	—	—	—	—	—
	平均	6.70	0.40	28.20	10.30	152
草甸土	变幅	—	—	—	—	—
	平均	6.70	0.41	28.30	10.00	149.00
合计	变幅	5.70～9.60	0.35～0.60	23.70～36.50	7.6～12.3	88～181
	平均	7.23	0.44	29.04	9.81	130.04

表 4-3　耕地土壤养分分级面积统计

	含量（g/kg）	≤6	6~8	>8	
有机质	面积（hm^2）	558.56	43 284.08	5 512.32	
	占耕地面积（%）	1.13	87.70	11.17	
	含量（mg/kg）	≤25	25~30	30~35	>35
碱解氮	面积（hm^2）	364.55	33 879.44	14 143.26	967.71
	占耕地面积（%）	0.74	68.64	28.66	1.96
	含量（mg/kg）	≤8	8~10	10~12	>12
有效磷	面积（hm^2）	89.15	33 063.64	15 862.54	339.63
	占耕地面积（%）	0.18	66.99	32.14	0.69
	含量（mg/kg）	≤100	100~130	130~170	>170
速效钾	面积（hm^2）	558.52	26 185.08	22 261.74	349.62
	占耕地面积（%）	1.13	53.05	45.11	0.71

一、有机质现状

土壤有机质是土壤的重要组成部分，直接影响土壤的各种理化性状，是土壤肥力的主要指标和基础。农业有机质主要来自有机肥料。它是作物养分的仓库，有强大的保肥能力，能活化土壤中的潜在养分，还能改良土壤，培肥能力。有机质比较稳定，是反映土壤肥瘦的重要指标。全县耕地耕层有机质最低值和最高值分别是 5.70g/kg 和 9.60g/kg，耕层有机质平均含量为 7.23g/kg。

志丹县耕地表层土壤有机质含量很低，没有超过 10.00g/kg 的区域；有机质主要集中在 6~8g/kg，面积有 43 284.08hm^2，占总耕地面积 87.70%；其次含量主要处于 8~10g/kg 范围内，面积有 5 512.32hm^2，占 11.17%；含量在 6g/kg 以下的面积为 558.56hm^2，占 1.13%。各土壤类型的有机质含量较为相近，黑垆土的有机质含量相对较高，变幅为 6.90~8.40g/kg，平均含量为 7.70g/kg；其次是潮土，有机质平均含量为 7.38g/kg；黄土性土有机质含量变幅较大，最小含量为 5.70g/kg，最大为 9.60g/kg，平均值为 7.24g/kg。

各土类间有机质含量的分级面积差别较大，但所有土类中大部分的有机质含量集中分布在 6~8g/kg（图 4-1）。灰褐土、紫色土、黄土性土、红土和淤土中各个级别的有机质均有分布，其中黄土性土有 10.03% 的有机质含量大于 8g/kg，但也有 0.93% 的耕层有机质含量较低，含量小于 6g/kg，

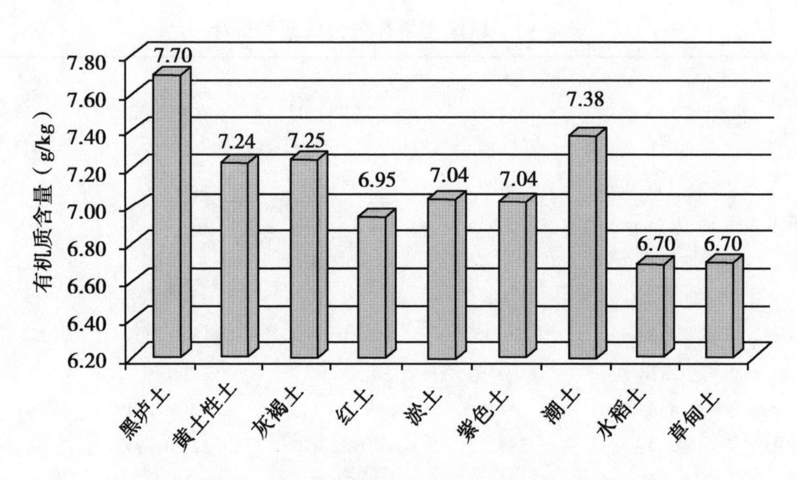

图 4－1　耕层土壤有机质平均含量柱状图

89.04%的有机质含量分布在 6～8g/kg；灰褐土有 77.28%的有机质含量分布在 6～8g/kg，20.41%的有机质含量大于 8g/kg，2.31%的耕层有机质含量低于 6g/kg；红土有 92.88%的有机质含量分布在 6～8g/kg，5.96%的有机质含量大于 8g/kg，1.16%的耕层有机质含量低于 6g/kg；淤土有 96.06%的有机质含量分布在 6～8g/kg，2.80%的有机质含量大于 8g/kg，1.14%的耕层有机质含量低于 6g/kg；紫色土有 82.63%的有机质含量分布在 6～8g/kg，6.99%的有机质含量大于 8g/kg，10.38%的耕层有机质含量低于 6g/kg。潮土无 6g/kg 以下有机质分布，89.90%的有机质含量在 8～10g/kg，另外有 10.10%的有机质含量高于 12g/kg。草甸土和水稻土在志丹县耕层中的分布较少，有机质含量均在 8～10g/kg。

表 4－4　各土类耕地土壤有机质分级面积统计

含量（g/kg）		≤6	6～8	>8
黑垆土	面积（hm^2）	—	148.56	32.05
	占土类面积（%）	—	82.25	17.75
黄土性土	面积（hm^2）	381.81	36 463.29	4 108.40
	占土类面积（%）	0.93	89.04	10.03
灰褐土	面积（hm^2）	144.38	4 820.86	1 272.79
	占土类面积（%）	2.31	77.28	20.41
红土	面积（hm^2）	10.60	851.53	54.62
	占土类面积（%）	1.16	92.88	5.96

（续表）

含量（g/kg）		≤6	6~8	>8
淤土	面积（hm^2）	9.11	769.09	22.42
	占土类面积（%）	1.14	96.06	2.80
紫色土	面积（hm^2）	12.67	100.87	8.53
	占土类面积（%）	10.38	82.63	6.99
潮土	面积（hm^2）	—	120.29	13.51
	占土类面积（%）	—	89.90	10.10
水稻土	面积（hm^2）	—	2.85	—
	占土类面积（%）	—	100.00	—
草甸土	面积（hm^2）	—	6.73	—
	占土类面积（%）	—	100.00	—

志丹县有机质的含量都处于低下水平，但差别并不是很大，相对而言二级地有机质的含量稍高，一级地和三级地的含量相近，五级地的含量最低（图4-2）。

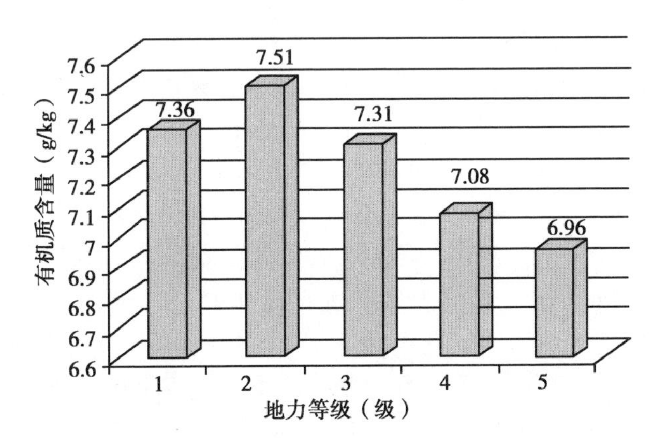

图4-2　不同地力等级有机质平均含量

二、其他大量元素的现状

（一）全氮

全县耕地土壤的全氮含量平均为0.44g/kg，变幅0.35~0.60g/kg。各土类的全氮含量差异不大，但以水稻土的全氮含量最低，平均0.40g/kg，相对含量较高的是黑垆土，平均含量为0.47g/kg，其他土类全氮含量变化差异更小，黄土性土、灰褐土、红土、淤土、紫色土、潮土、水稻土和草甸土的全氮含量平均值依次为0.44g/kg、0.44g/kg、0.42g/kg、0.43g/kg、0.42g/kg、0.45g/kg、0.40g/kg和0.41g/kg（图4-3）。

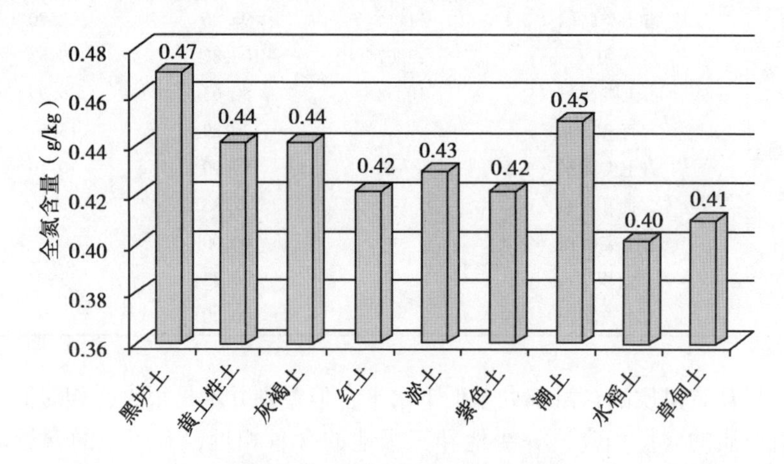

图4-3　耕层土壤全氮平均含量

从各土类间的全氮分级统计中（表4-5）看出，土类的全氮含量都主要集中在小于0.45g/kg，黑垆土、黄土性土、灰褐土、红土、淤土、紫色土、潮土、水稻土、草甸土的全氮含量分别占各自土类面积的50.84%、65.93%、60.67%、86.41%、79.88%、69.94%、52.14%、100%、100%。黑垆土、黄土性土、灰褐土和潮土在各分类等级都有分布，红土和淤土的含量均在0.55g/kg以下，紫色土含量均在0.50g/kg以下，水稻土和草甸土含量均在0.45g/kg以下。黑垆土全氮含量在0.45~0.50g/kg的耕地面积为50.83hm^2，占土类面积的28.14%，在0.50~0.55g/kg的耕地面积为24.91hm^2，占土类面积的13.79%；黄土性土全氮含量在0.45~0.50g/kg的耕地面积为10 230.36hm^2，占土类面积的24.98%，在0.50~0.55g/kg的耕地面积为3 111.80hm^2，占土类面积的7.60%；灰褐土全氮含量在0.45~0.50g/kg的耕地面积为811.18hm^2，占土类面积的13.00%，在0.50~0.55g/kg的耕地面积为1 560.61hm^2，占土类面积的25.02%；潮土全氮含量在0.45~0.50g/kg的耕地面积为50.52hm^2，占土类面积的37.76%，在0.50~0.55g/kg的耕地面积为9.23hm^2，占土类面积的6.90%；含量大于0.55g/kg的只有黑垆土、黄土性土、灰褐土和潮土，占各自土类面积的7.23%、1.49%、1.31%、3.20%。不同地力等级耕地土壤的全氮含量差别不大（图4-4）。

表 4－5　各土类耕地土壤全氮分级面积统计

含量（g/kg）		≤0.45	0.45～0.50	0.50～0.55	>0.55
黑垆土	面积（hm^2）	91.82	50.83	24.91	13.05
	占土类面积（%）	50.84	28.14	13.79	7.23
黄土性土	面积（hm^2）	27 001.25	10 230.36	3 111.80	610.09
	占土类面积（%）	65.93	24.98	7.60	1.49
灰褐土	面积（hm^2）	3 784.58	811.18	1 560.61	81.66
	占土类面积（%）	60.67	13.00	25.02	1.31
红土	面积（hm^2）	792.13	89.22	35.40	—
	占土类面积（%）	86.41	9.73	3.86	—
淤土	面积（hm^2）	639.51	153.81	7.30	—
	占土类面积（%）	79.88	19.21	0.91	—
紫色土	面积（hm^2）	85.38	36.69	—	—
	占土类面积（%）	69.94	30.06	—	—
潮土	面积（hm^2）	69.76	50.52	9.23	4.29
	占土类面积（%）	52.14	37.76	6.90	3.20
水稻土	面积（hm^2）	2.85	—	—	—
	占土类面积（%）	100	—	—	—
草甸土	面积（hm^2）	6.73	—	—	—
	占土类面积（%）	100	—	—	—

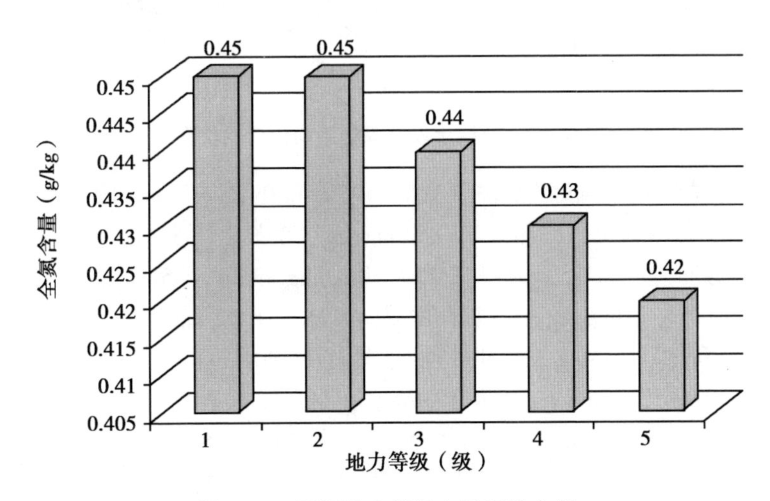

图 4－4　不同地力等级全氮平均含量

（二）碱解氮

耕地土壤的碱解氮含量变幅为 23.70～36.50mg/kg，平均含量 29.03mg/kg。其量主要集中在 25～35mg/kg，其中 25～30mg/kg 的面积为 33 879.44hm^2，占所有耕地面积的 68.64%，30～35mg/kg 的面积为 14 143.26hm^2，占总耕

地面积的28.66%，碱解氮含量高于35mg/kg的面积约967.71hm²，占总耕地面积的1.96%，其中0.74%分布在25mg/kg以下。

各土类间的碱解氮含量略有差异，差异不明显（图4－5）。黑垆土的碱解氮含量最高，平均含量为30.15mg/kg，其次是潮土，平均含量为30.07mg/kg。水稻土的碱解氮含量最低，平均含量为28.20mg/kg。黄土性土和灰褐土的碱解氮含量差异相对最大，最大值和最小值间均相差12.50mg/kg，碱解氮平均含量为28.96mg/kg和29.61mg/kg，此外除灰褐土碱解氮含量大于29mg/kg外，其余土类碱解氮含量均在28～29mg/kg。

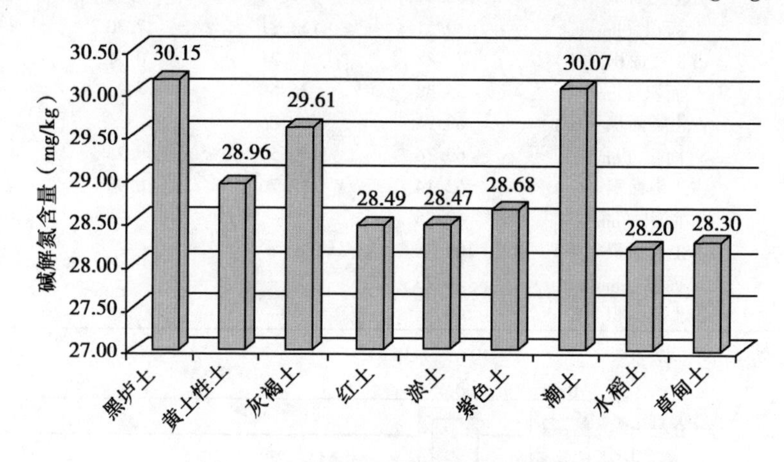

图4－5　耕层土壤碱解氮平均含量柱状图

所有土壤类型的碱解氮含量主要集中分布在25～35mg/kg（表4－6），其中水稻土和草甸土只分布在25～30mg/kg。除黄土性土和灰褐土在各个分级间均有分布外，其余土类仅在25～30mg/kg和30～35mg/kg有分布。黄土性土在25～30mg/kg的耕地面积为28 467.32 hm²，占耕地面积的69.51%，在30～35mg/kg的耕地面积为11 901.36 hm²，占耕地面积的29.06%；在小于25mg/kg和大于35mg/kg区间上仅有0.72%和0.71%的分布；灰褐土在25～30mg/kg的耕地面积为3 671.28 hm²，占耕地面积的58.85%，在30～35mg/kg的耕地面积为1 819.30 hm²，占耕地面积的29.16%。

不同地力等级间的碱解氮含量差别也不大（图4－6），二级地碱解氮平均含量为30.21mg/kg，五级地碱解氮含量为27.97mg/kg，一级地、三级地和四级地碱解氮含量相当，分别为29.60mg/kg、29.31mg/kg和28.38mg/kg。

表 4－6　各土类耕地土壤碱解氮分级面积统计

含量（mg/kg）		≤25	25～30	30～35	>35
黑垆土	面积（hm^2）	—	113.41	67.20	—
	占土类面积（%）	—	62.79	37.21	—
黄土性土	面积（hm^2）	294.92	28 467.32	11 901.36	289.90
	占土类面积（%）	0.72	69.51	29.06	0.71
灰褐土	面积（hm^2）	69.63	3 671.29	1 819.30	677.81
	占土类面积（%）	1.12	58.85	29.16	10.87
红土	面积（hm^2）	—	778.82	137.93	—
	占土类面积（%）	—	84.95	15.05	—
淤土	面积（hm^2）	—	698.00	102.62	—
	占土类面积（%）	—	87.18	12.82	—
紫色土	面积（hm^2）	—	78.58	43.49	—
	占土类面积（%）	—	64.37	35.63	—
潮土	面积（hm^2）	—	62.44	71.36	—
	占土类面积（%）	—	46.67	53.33	—
水稻土	面积（hm^2）	—	2.85	—	—
	占土类面积（%）	—	100.00	—	—
草甸土	面积（hm^2）	—	6.73	—	—
	占土类面积（%）	—	100.00	—	—

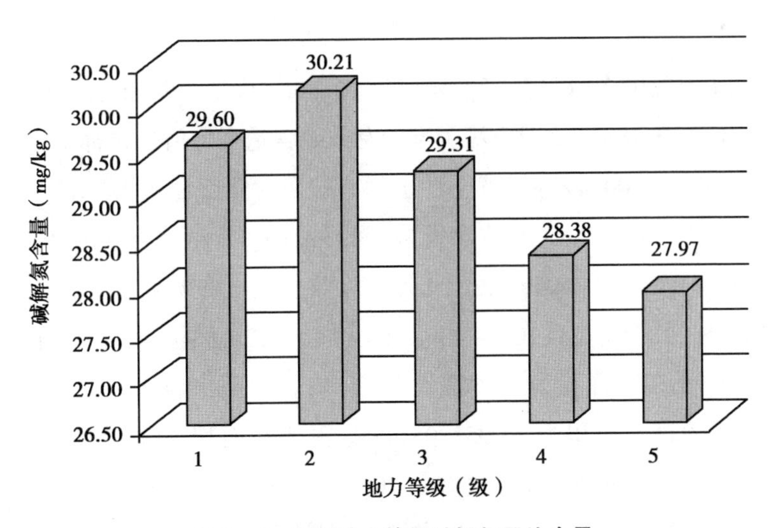

图 4－6　不同地力等级碱解氮平均含量

（三）有效磷

土壤有效磷含量都很低（图4－7），平均含量为9.81mg/kg，最高含量12.3mg/kg，最低为7.6mg/kg。66.99%的耕层土壤有效磷含量8～10mg/kg，耕地面积为33 063.64hm²，32.14%的有效磷含量在10～12mg/kg，耕地面积为15 862.54hm²，小于8mg/kg和大于12mg/kg分别占了0.18%和0.69%，耕地面积分别为89.15hm²和339.63hm²。

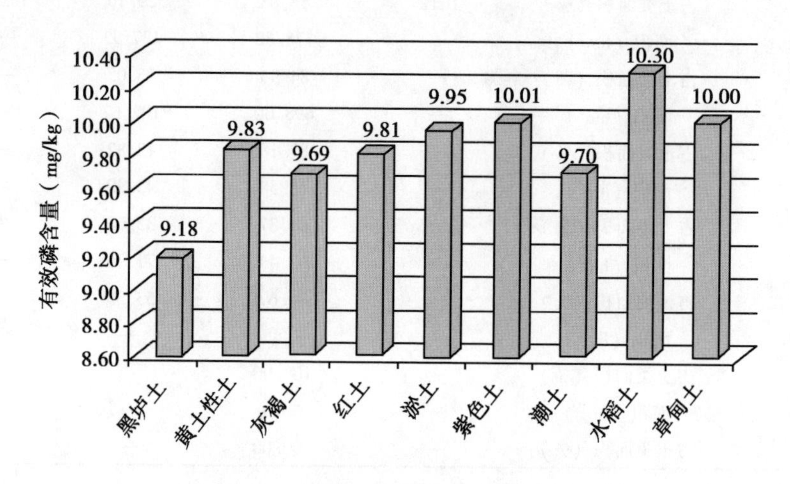

图4－7　耕层土壤有效磷平均含量

水稻土有效磷含量最高，平均值为10.30mg/kg。黑垆土有效磷含量较低，平均值为9.18mg/kg，土壤类型的有效磷含量平均值差异都不大，主要集中在9.70～10.00mg/kg。黄土性土的有效磷含量变化最大，有效磷含量介于7.60～12.30mg/kg，平均含量为9.83mg/kg。水稻土分布在10～12mg/kg，草甸土分布在8～10mg/kg。此外，除黄土性土和灰褐土在各个分级间均有分布外，其余土类仅在8～10mg/kg和10～12mg/kg分布。黄土性土在8～10mg/kg的耕地面积为27 643.53hm²，占耕地面积的67.50%，在10～12mg/kg间的耕地面积为13 051.05hm²，占耕地面积的31.87%；在小于8mg/kg和大于12mg/kg区间仅有0.20%和0.43%的分布；灰褐土在8～10mg/kg的耕地面积为4 083.29hm²，占耕地面积的65.45%，在10～12mg/kg的耕地面积为1 984.88hm²，占耕地面积的31.82%（表4－7）。

表 4-7 各土类耕地土壤有效磷分级面积统计

含量（mg/kg）		≤8	8~10	10~12	>12
黑垆土	面积（hm²）	—	163.29	17.32	—
	占土类面积（%）	—	90.41	9.59	—
黄土性土	面积（hm²）	81.24	27 643.53	13 051.05	177.68
	占土类面积（%）	0.20	67.50	31.87	0.43
灰褐土	面积（hm²）	7.91	4 083.29	1 984.88	161.95
	占土类面积（%）	0.13	65.45	31.82	2.60
红土	面积（hm²）	—	634.10	282.65	—
	占土类面积（%）	—	69.17	30.83	—
淤土	面积（hm²）	—	380.56	420.06	—
	占土类面积（%）	—	47.53	52.47	—
紫色土	面积（hm²）	—	46.00	76.07	—
	占土类面积（%）	—	37.68	62.32	—
潮土	面积（hm²）	—	106.14	27.66	—
	占土类面积（%）	—	79.33	20.67	—
水稻土	面积（hm²）	—	—	2.85	—
	占土类面积（%）	—	—	100.00	—
草甸土	面积（hm²）	—	6.73	—	—
	占土类面积（%）	—	100.00	—	—

不同地力等级间的有效磷含量有一定的差别，以二级地相对较高，含量为10.00 mg/kg，一级地有效磷含量为9.88mg/kg，三至五级地的有效磷含量分别为9.84mg/kg、9.71mg/kg、9.73mg/kg，整体大致呈减少趋势，见图4-8。

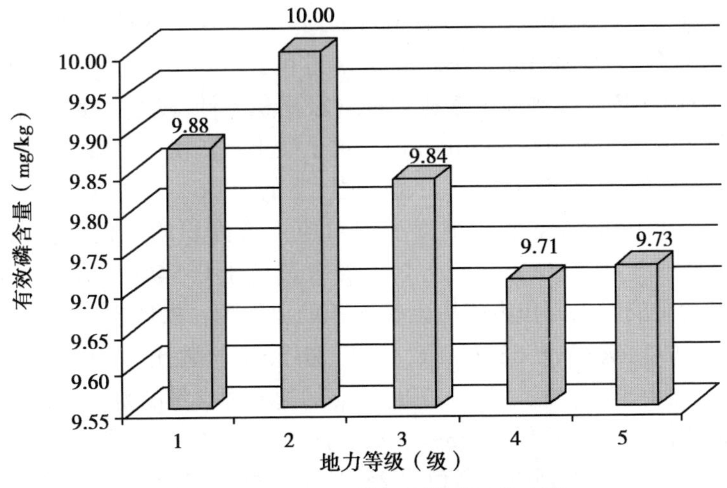

图 4-8 不同地力等级有效磷平均含量

（四）速效钾

志丹县耕地土壤的速效钾含量平均为 130.04mg/kg，最高 181mg/kg，最少为 88mg/kg。速效钾含量在 100～130mg/kg 的耕地面积最多（图 4－9），耕地面积为 26 185.08hm^2，占总耕地面积的 53.05%；45.11% 的耕地土壤速效钾含量介于 130～170mg/kg，耕地面积为 22 261.74hm^2，另有少量土壤速效钾含量高于 170mg/kg，仅有 349.62hm^2，土壤速效钾含量低于 100mg/kg 的耕地占总耕地面积的 1.13%。

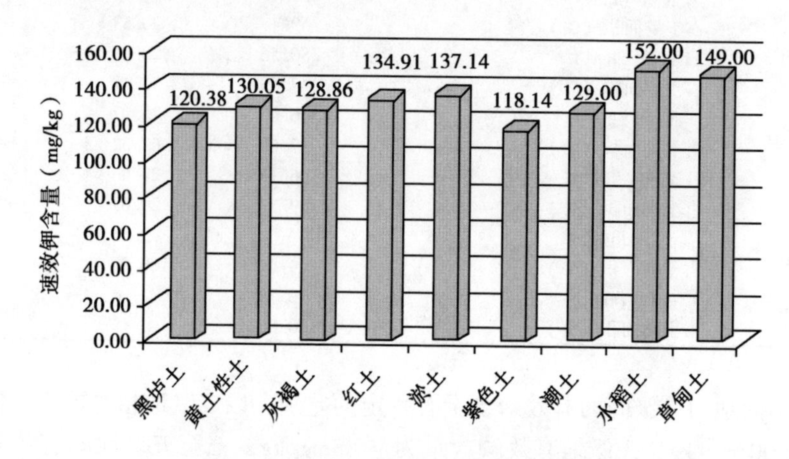

图 4－9　耕层土壤速效钾平均含量柱状图

各土类间的速效钾的平均含量以紫色土最低，含量为 118.14mg/kg，水稻土速效钾含量相对较高，有 152.00mg/kg。黄土性土的速效钾含量变幅最大，最低值含量为 88.0mg/kg，最高含量可达 181.0mg/kg，平均含量为 130.05mg/kg。各土类耕地土壤速效钾分级面积统计（表 4－8）。各土类速效钾含量主要分布在 100～170mg/kg，黄土性土、灰褐土、淤土、潮土有大于 170mg/kg 的速效钾分布，分别占土类的 0.56%、0.20%、13.26%、1.89%；小于 100mg/kg 的耕地面积占对应土类面积的比例为：黄土性土 1.08%，灰褐土为 1.52%，淤土 2.86%，紫色土 0.54%；100～130mg/kg 的速效钾含量的耕地面积占相应土类面积的比例为：黑垆土 75.47%、黄土性土 52.94%、灰褐土 58.39%、红土 31.55%、淤土 33.93%、紫色土 74.15%、潮土 54.41%；130～170mg/kg 的速效钾含量的耕地面积占相应土类面积的比例为：黑垆土 24.53%、黄土性土 45.42%、灰褐土 39.89%、红土 68.45%、淤土 49.95%、紫色土 25.31%、潮土 43.70%；水稻土和草甸土仅在 130～170mg/kg 分布。

表 4-8　各土类耕地土壤速效钾分级面积统计

含量 (mg/kg)		≤100	100~130	130~170	>170
黑垆土	面积 (hm^2)	—	136.31	44.30	—
	占土类面积 (%)	—	75.47	24.53	—
黄土性土	面积 (hm^2)	440.26	21 682.17	18 602.83	228.24
	占土类面积 (%)	1.08	52.94	45.42	0.56
灰褐土	面积 (hm^2)	94.69	3 642.38	2 488.30	12.66
	占土类面积 (%)	1.52	58.39	39.89	0.20
红土	面积 (hm^2)	—	289.28	627.47	—
	占土类面积 (%)	—	31.55	68.45	—
淤土	面积 (hm^2)	22.91	271.63	399.89	106.19
	占土类面积 (%)	2.86	33.93	49.95	13.26
紫色土	面积 (hm^2)	0.66	90.51	30.90	—
	占土类面积 (%)	0.54	74.15	25.31	—
潮土	面积 (hm^2)	—	72.80	58.47	2.53
	占土类面积 (%)	—	54.41	43.70	1.89
水稻土	面积 (hm^2)	—	—	2.85	—
	占土类面积 (%)	—	—	100.00	—
草甸土	面积 (hm^2)	—	—	6.73	—
	占土类面积 (%)	—	—	100.00	—

不同地力等级间的速效钾含量（图 4-10），最高是一级地，一级地速效钾平均含量为 133.67mg/kg，四级地速效钾含量最低，平均值为 128.13mg/kg。

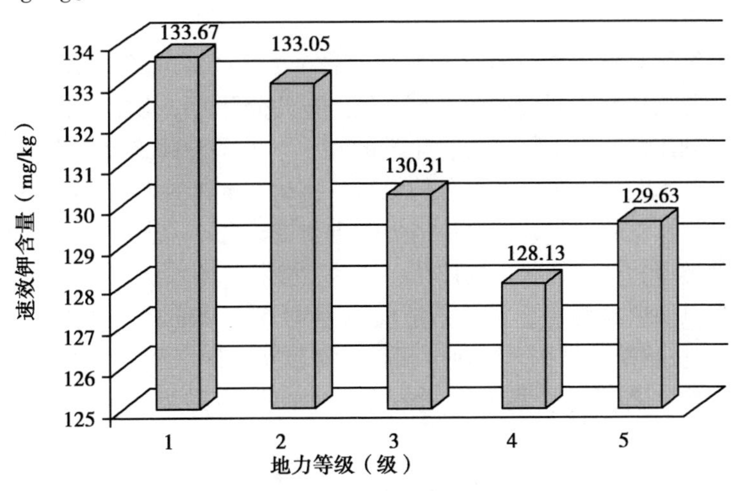

图 4-10　不同地力等级速效钾平均含量

第三节 耕地土壤的其他属性

一、pH 值

志丹县土壤的 pH 值变化很小，最低值 8.0，最高值 8.2，平均为 8.08，呈微碱性（表 4－9）。各土类间 pH 值以红土略低，pH 值平均为 8.07，紫色土、草甸土和水稻土略高，为 8.1。不同地力等级耕地的 pH 值差别也较小，平均在 8.07～8.09，随着地力等级的降低，pH 值有略微的上升。一级地至五级地土壤 pH 值平均值分别为 8.09、8.1、8.1、8.07、8.07。

表 4－9 各土类耕地土壤的 pH 值

pH	黑垆土	黄土性土	灰褐土	红土	淤土	潮土	紫色土	草甸土	水稻土
最小值	8.00	8.00	8.00	8.00	8.00	8.00	8.10	8.10	8.10
最大值	8.10	8.20	8.10	8.10	8.20	8.10	8.20	8.10	8.10
平均值	8.09	8.08	8.08	8.07	8.08	8.09	8.10	8.10	8.10

二、土壤结构

土壤结构是指土壤颗粒（包括团聚体）的排列与组合形式。在田间鉴别时，通常指那些不同形态和大小，且能彼此分开的结构体。土壤结构是成土过程或利用过程中由物理的、化学的和生物的多种因素综合作用而形成。它对土壤中水、气、热以及养分的保持和移动有重要的影响，也直接影响植物根系的生长发育，是评价耕地地力的主要指标之一。志丹县的土壤结构主要有 6 种类型，即：粒状、棱柱状、块状、核状、团块状和团粒状，在各个级地中都以团块状为主，其总耕地面积有 47 191.75 hm^2，占总耕地面积的 95.62%。块状结构只在一级地中存在，团粒状在四级和五级地中没有，其余土壤结构在各级地中均有少量分布。不同地力等级的土壤结构统计见表 4－10。

表 4－10　不同地力等级的土壤结构统计

面积统计 \ 土壤结构		粒状	棱柱状	块状	核状	团块状	团粒状
一级地	面积（hm^2）	674.6	145.05	2.85	104.19	3 211.62	122.34
	占一级地（%）	15.83	3.40	0.07	2.45	75.38	2.87
二级地	面积（hm^2）	26.26	101.37	—	10.6	4 659.87	45.31
	占二级地（%）	0.54	2.09	—	0.22	96.21	0.94
三级地	面积（hm^2）	17.99	28.99	—	13.55	22 733.46	18.99
	占三级地（%）	0.08	0.13	—	0.06	99.65	0.08
四级地	面积（hm^2）	94.92	110.1	—	3.07	15 453.20	—
	占四级地（%）	0.61	0.70	—	0.02	98.67	—
五级地	面积（hm^2）	108.93	531.46	—	2.64	1 133.60	—
	占五级地（%）	6.13	29.91	—	0.15	63.81	—
合计	面积（hm^2）	922.7	916.97	2.85	134.05	47 191.75	186.64
	占耕地（%）	1.87	1.86	0.01	0.27	95.62	0.38

三、土壤质地

土壤质地即土壤机械组成，是指土壤中各级土粒含量的相对比例及其所表现的土壤砂黏性质。土壤中砂粒、粉粒和黏粒三组粒级含量的比例，是土壤较稳定的自然属性，也是影响土壤一系列物理与化学性质的重要因子。土壤质地不同对土壤结构、孔隙状况、保肥性、保水性、耕性等均有重要影响。志丹县的土壤质地主要有 6 种类型（表 4－11），即中偏轻、中壤、沙壤、黏壤、轻壤和黏土。其中以轻壤为主，面积为 41 689.37 hm^2，占总耕地面积的 84.47%。其次是中偏轻，面积为 6 238.03 hm^2，占耕地的 12.64%，另外黏土面积为 816.61 hm^2，占耕地的 1.65%，其余土壤质地类型占总耕地面积均在 1% 以下。

表 4－11　耕地土壤质地面积统计

土壤质地	中偏轻	中壤	沙壤	黏壤	轻壤	黏土	总计
面积（hm^2）	6 238.02	277.34	226.75	106.87	41 689.37	816.61	49 354.96
面积（%）	12.64	0.56	0.46	0.22	84.47	1.65	100.00

一般认为，在有机质不多的情况下，轻壤和中壤是较为理想的质地，全县一级地约 3 326.00 hm^2 的耕地属于轻壤（表 4 – 12），中偏轻面积为 474.22hm^2，197.60hm^2的耕地属于中壤；全县二级地约 2 833.44hm^2的耕地属于轻壤，中偏轻面积为 1 832.90hm^2，55.79hm^2的耕地属于中壤；三级地约 19 531.00hm^2的耕地属于轻壤，中偏轻面积为 3 216.25hm^2，23.95hm^2的耕地属于中壤。在四级地和五级地没有中壤，轻壤的面积分别为 14 842.57 hm^2和 1 156.36hm^2，质地比较黏重的黏土，虽然宜耕，但通透性要差些，需要增施农家肥深耕熟化，在全县占地面积不大，约占耕地的 1.65%，主要分布在五级地。

表 4 – 12　不同地力等级的土壤质地面积统计

面积统计		土壤质地					
		中偏轻	中壤	沙壤	黏壤	轻壤	黏土
一级地	面积（hm^2）	474.22	197.60	111.05	6.73	3 326.00	145.05
	占一级地（%）	11.13	4.64	2.61	0.16	78.06	3.40
二级地	面积（hm^2）	1 832.90	55.79	20.02	—	2 833.44	101.26
	占二级地（%）	37.84	1.15	0.42	—	58.50	2.09
三级地	面积（hm^2）	3 216.25	23.95	12.8	—	19 531	28.98
	占三级地（%）	14.10	0.10	0.06	—	85.61	0.13
四级地	面积（hm^2）	692.91	—	15.81	15.45	14 842.57	94.55
	占四级地（%）	4.42	—	0.10	0.10	94.77	0.61
五级地	面积（hm^2）	21.74	—	67.07	84.69	1 156.36	446.77
	占五级地（%）	1.22	—	3.78	4.77	65.08	25.15
合计	面积（hm^2）	6 238.02	277.34	226.75	106.87	41 689.37	816.61
	占耕地（%）	12.64	0.56	0.46	0.22	84.47	1.65

第五章　耕地地力状况分析

根据志丹县的实际情况，选择了12个对耕地地力影响较大的因素，建立了评价指标体系，应用模糊数学和层次分析法计算各评价因素的评价评语和组合权重，应用加法模型计算耕地地力综合指数，应用累积频率曲线法，将志丹县的耕地分为5个等级（图5-1），并按照《全国耕地类型区、耕地地力等级划分》标准将评价结果归入农业部地力等级体系。

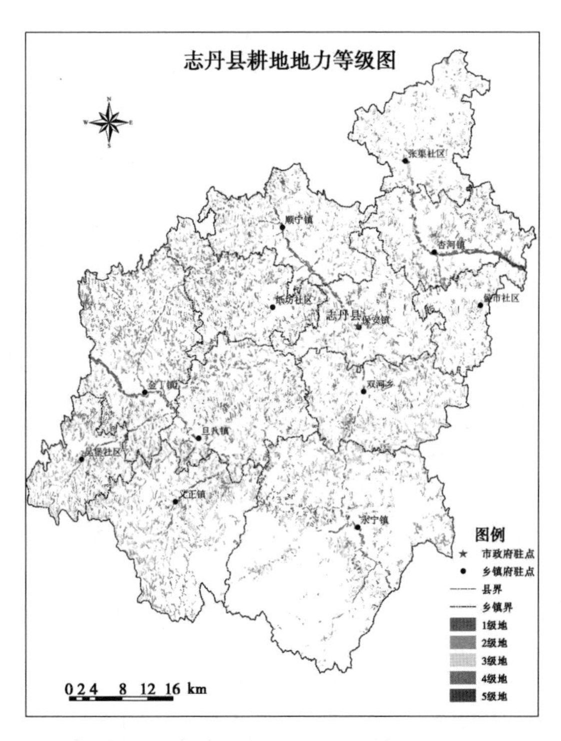

图5-1　志丹县耕地地力等级分布图

全县及各乡镇不同地力等级的耕地面积统计结果见表5-1。全县总耕地面积49 354.96 hm^2，约占总土地面积的13.0%，其中，一级地4 260.65hm^2，占耕地面积的8.63%；二级地4 843.41hm^2，占9.81%；三级地22 812.98hm²，占46.22%；四级地15 661.29hm²，占31.73%；五级地1 776.63hm²，占3.61%。

表5-1 不同地力等级的面积统计表 （单位：hm²）

乡镇名	项目	合计	地力等级				
			一级地	二级地	三级地	四级地	五级地
全县总计	面积	49 354.96	4 260.65	4 843.41	22 812.98	15 661.29	1 776.63
	比例	100.00	8.63	9.81	46.22	31.73	3.61
张渠社区	面积	2 349.52	72.53	278.17	1 513.94	471.11	13.77
	比例	4.76	3.09	11.84	64.43	20.05	0.59
杏河镇	面积	3 840.92	871.55	123.19	1 450.95	1 291.57	103.66
	比例	7.78	22.69	3.21	37.78	33.63	2.69
顺宁镇	面积	3 503.61	549.27	396.53	1 760.77	765.87	31.17
	比例	7.10	15.68	11.32	50.26	21.86	0.88
侯市社区	面积	1 581.76	128.74	116.76	847.19	437.31	51.76
	比例	3.21	8.14	7.38	53.56	27.65	3.27
保安镇	面积	2 988.29	192.67	263.43	1 463.05	951.26	117.88
	比例	6.05	6.45	8.82	48.96	31.83	3.94
纸坊社区	面积	3 952.44	6.24	123.41	1 577.24	2 069.47	176.08
	比例	8.01	0.16	3.12	39.91	52.36	4.45
双河乡	面积	3 901.09	147.20	339.10	2 103.19	1 210.06	101.54
	比例	7.91	3.77	8.69	53.91	31.02	2.61
金丁镇	面积	6 941.49	953.10	132.14	2 067.27	3 407.36	381.62
	比例	14.06	13.73	1.90	29.78	49.09	5.50
旦八镇	面积	4 903.37	193.74	229.62	2 198.28	2 112.45	169.28
	比例	9.93	3.95	4.68	44.83	43.08	3.46
永宁镇	面积	6 474.49	638.00	1 325.40	3 226.74	855.00	429.35
	比例	13.12	9.85	20.47	49.84	13.21	6.63
义正镇	面积	5 876.37	348.53	1 289.08	3 183.73	977.30	77.73
	比例	11.91	5.93	21.94	54.18	16.63	1.32
吴堡社区	面积	3 041.61	159.08	226.57	1 420.63	1 112.53	122.80
	比例	6.16	5.23	7.44	46.71	36.58	4.04

从地力等级的分布地域特征可以看出，等级的高低与地形地貌、土壤类型、坡度均密切相关，呈现出明显的地域分布规律。

第一节　各乡镇耕地地力基本状况

一、张渠社区

张渠社区位于志丹县东北部，地处白于山区腹地，位于志丹县东北部39km，与一市两县五社区镇相毗邻，总土地面积25 964. 46hm²，总耕地面积2 349. 52hm²，辖17个村委会。土壤质地以轻壤为主，土壤结构以团块状为主，在本次评价出的5个地力等级，张渠社区主要为三级地，面积为1 513. 94 hm²，占全社区面积的64. 43%；其次是四级地，面积为471. 11hm²，占全乡面积的20. 05%；再者是二级地，耕地面积为278. 17hm²，占耕地面积的11. 84%；五级地面积较少，只占耕地面积的0. 59%；一级地耕地面积72. 53hm²，占耕地面积的3. 09%。主要分布在谢渠村和贺渠村，平均海拔1 145m，平均坡度6. 7°。

二、杏河镇

杏河镇位于志丹县东部，镇政府距县城东30km处。北靠张渠乡，南连保安镇、王南沟两乡镇，西接顺宁镇，东和安塞县王窑、化子坪两乡接壤。境内杏子河由北而来，流经镇驻地，辖东流入安塞县。其两侧山峁起伏，表层全被黄土覆盖。沟壑纵横，狭窄陡峻，下部红砂石悬崖纵立，上部红黏土多外露，自然植被差。杏河镇整个地貌呈“一川两岭三条沟”，总土地面积25 662. 38hm²，总耕地面积3 840. 92hm²。土壤类型以黄土性土为主，耕地平均海拔在1 366m，平均坡度为16. 19°，地貌兼有河谷阶地和黄土高原丘陵区。共评价出5个地力等级，三级地和四级地比例相当，分别为1 450. 95hm²和1 291. 57hm²，占该镇耕地面积的37. 78%和33. 63%；一级地在该镇分布也较多，面积为871. 55hm²，占耕地面积的22. 69%；二级地和五级地面积分布相当，面积分别为123. 19hm²和103. 66hm²，占耕地面积的3. 21%和2. 69%。

三、顺宁镇

顺宁镇位于白于山南麓，志丹县的北部，距县城21km处，北与靖边县接壤，西与吴起县毗邻，303省道过境26km，周河使全镇形成东岭、西岭和川道三个自然区域，地理走向为一川两岭。年均气温 7.8℃，降雨量为 520mm。本镇总土地面积 27 626.24hm²，总耕地面积 3 503.61hm²，耕地面积占总耕地面积的 7.10%。共评价出 5 个地力等级，五级地面积最少，三级地最多。五级地仅占耕地面积的 0.88%，一级地面积 549.27hm²，占全镇耕地面积的 15.68%，二级地面积 396.53hm²，占全镇耕地面积的 11.32%，三级地和四级地面积分别为 1 760.77hm² 和 765.87hm²，占全镇耕地面积的 50.26% 和 21.86%。

四、侯市社区

侯市社区位于志丹县东北部，与安塞接壤，全社区总面积 14 375.01hm²，耕地面积 1 581.76hm²，占全县总耕地面积的 3.21%。耕地的土壤类型主要是黄土性土，有少量的黑垆土和红土，平均海拔 1 415m，平均坡度 17.28°，土壤质地以轻壤为主，土壤结构以团块状为主。耕地的全氮平均含量为 0.48g/kg，有机质平均含量为 7.75g/kg，有效磷平均含量为 9.51mg/kg，速效钾平均含量为 116.93mg/kg，碱解氮平均含量为 30.01mg/kg。侯市社区共评价出 5 个地力等级，一级地和二级地比例相当，分别为 128.74hm²，116.76hm²，分别占该社区耕地面积的 8.14% 和 7.38%；三级地在该社区所占的比例最高，耕地面积为 847.19hm²，占该社区耕地面积的 53.56%；四级地的比例仅次于三级地，耕地面积为 437.31hm²，占该社区的 27.65%；五级地在该社区的比例最少，面积为 51.76hm²，占该社区的 3.27%。

五、保安镇

保安镇地处“红色之都”志丹县中部，是志丹县政治、经济、文化中心。东与杏河镇、侯市社区接壤，西与顺宁镇为邻，南连双河乡，北靠纸坊社区。省道 303 线穿境而过，交通便利，有着得天独厚的发展优势。该镇耕地的土壤类型主要是黄土性土，其次是红土，有少量的黑垆土，平均海拔为 1 437m，平均坡度 16.31°，土壤质地以轻壤为主，其次是中偏轻和黏土，还有少量的轻壤和中壤，土壤结构以团块状为主，其次是棱柱状。该镇总耕地面积 2 988.29hm²，占全县耕地面积的 6.05%，全镇共评价出 5 个地力等级，三级地所占面积最多，面积为 1 463.05hm²，占全镇耕地的 48.96%，其次是四级地，面积为 951.26hm²，占耕地面积的 31.83%，一级地和二级地的比例相当，分别占该镇耕地面积的 6.45% 和 8.82%，还有 3.94% 的五级地。

六、纸坊社区

纸坊社区位于志丹县的西部，东临保安镇，北接顺宁镇，南与金丁和旦八相临。纸坊社区的面积为25 695.44hm^2，其中耕地面积3 952.44hm^2，占全县耕地面积的8.01%，土壤类型主要是黄土性土，还有少量的灰褐土和黑垆土。耕地的平均海拔1 549m，平均坡度为18.92°，土壤质地以轻壤为主，有少量的中偏轻和中壤，土壤结构以团块状为主。该社区共评价出5个地力等级，一级耕地分布较少，仅占耕地面积的0.16%；以四级地和三级地居多，分别为2 069.47hm^{2}和1 577.24hm^2，占该乡耕地面积的52.36%和39.91%；二级地和五级地比例相当，分别占全镇耕地的3.12%和4.45%。

七、双河乡

双河乡位于志丹县城南9km处，东接安塞，西邻旦八，北邻保安，南接永宁。延定公路、甘志公路横穿乡域南北，境内石油资源丰富，交通通信发达，文化积淀深厚，产业特色突出。全乡自然形成“三岭一川”，三岭即：东岭、西岭、南岭，一川即双河川。全乡总土地面积28 438.84hm^2，耕地面积3 901.09hm^2，占全县耕地总面积的7.91%。该乡耕地平均海拔为1 443m，平均坡度为16.79°，土壤质地以轻壤为主。本乡共评价出5个地力等级。在各等级耕地中，以三级地和四级地居多，分别为2 103.19hm^{2}和1 210.06hm^2，占该镇耕地面积的53.91%和31.02%；一级地和五级地面积相当，分别为147.20hm^{2}和101.54hm^2，占该镇耕地面积的3.77%和2.61%，另有339.10hm^{2}的二级地分布。

八、金丁镇

金丁镇位于志丹县西北部，北接吴旗县、西邻吴堡社区、东南与旦八、纸坊接壤。全镇总土地面积39 619.78hm^2，耕地面积6 941.49hm^2，占全县耕地总面积的14.06%。该乡耕地平均海拔为1 441m，平均坡度为17.94°，土壤以黄土性土为主，土壤质地以轻壤为主，土壤结构以团块状为主，其次是粒状，少量的棱柱状。本镇共评价出5个地力等级。在各等级中以四级地最多，耕地面积为3 407.36 hm^2，占全镇耕地面积的49.09%，三级地2 067.27hm^2，占全镇耕地面积的29.78%，一级地953.10hm^2，占全镇耕地面积的13.73%，五级地381.62hm^2，占全镇耕地面积的5.50%，二级地

132.14hm^2，占全镇耕地面积的1.90%。

九、旦八镇

旦八镇位于志丹县城西部45km处，东临双河，西依金丁，北接纸坊，南连永宁、义正，为志丹县西部交通枢纽和集市贸易中心。总土地面积32 020.67hm^2，耕地面积为4 903.37hm^2，占全县总耕地面积的9.93%。该乡耕地平均海拔为1 458m，平均坡度为17.16°，土壤以黄土性土为主，其次是灰褐土，土壤质地以轻壤为主，土壤结构以团块状为主。本镇共评价出5个地力等级。在各等级中三级地和四级地相当，面积分别为2 198.28hm^{2}和2 112.45hm^2，分别占全乡耕地的44.83%和43.08%。一级地、二级地、五级地的比例也相当，面积分别为193.74hm^2、229.62hm^2、169.28hm^2，占耕地的比例分别为3.95%、4.68%、3.46%。

十、永宁镇

永宁镇位于县城南38km的林区，因地处永宁山寨而得名。东与安塞接壤，南与甘泉、富县为邻，西部与甘肃合水县相连，北与双河乡毗邻．境内多山少川，沟壑遍布，属黄土丘陵地貌，地形东西较长，南北略宽，两岭两川（即东岭、西岭、洛河川、县川）是其他地域的显著特征，地势西高东低，气候属半干旱气候，平均温度7.8℃，最高温度37.4℃，最低-25.4℃；年平均降雨量450~490mm，年平均无霜期140天左右。该镇总面积78 510.88hm^2，耕地面积为6 474.49hm^2，占总耕地面积的13.12%。该镇耕地的平均海拔为1 361m，平均坡度为15.13°，土壤以黄土性土为主，其次是灰褐土和红土，少量的潮土和草甸土，土壤质地以轻壤为主，其次是中偏轻好黏土，少量的中壤，土壤结构以团块状为主。本镇共评价出5个地力等级。在各等级中以三级地为主，面积为3 226.74hm^2，占耕地面积的49.84%，其次是二级地，面积为1 325.40hm^2，占耕地面积的20.47%，四级地面积为855.00hm^2，占耕地面积的13.21%，一级地耕地面积为638.00hm^2，占耕地面积的9.85%，五级地耕地面积为429.35hm^2，占耕地面积的6.63%。

十一、义正镇

义正镇位于陕西省延安市志丹县西南部，以义正川而得名。北邻旦八、金丁，东靠永宁乡，南与甘肃省华池县邻，西与吴堡交界。该镇面积

40 784. 08hm^2，耕地面积为 5 876. 37hm^2，占全县耕地面积的 11. 91%。该镇耕地平均海拔为 1 503m，平均坡度为 15. 94°，土壤以黄土性土为主，有少量的潮土和红土，土壤质地以轻壤为主，其次是中偏轻，土壤结构以团块状为主。本镇共评价出 5 个地力等级。在各等级中以三级地为主，面积为 3 183. 73hm^2，占该镇耕地面积的 54. 18%，其次是二级地和四级地，面积分别为 1 289. 08 hm^2 和 977. 30hm^2，占该镇耕地面积分别为 21. 94% 和 16. 63%，一级地的面积为 348. 53hm^2，占该镇耕地面积的 5. 93%，五级地的面积为 77. 73hm^2，占该镇耕地的 1. 32%。

十二、吴堡社区

吴堡社区位于志丹县西部，距县城 76km，东接义正镇，南部和西部毗邻甘肃省华池县，北与金丁接壤，平均海拔 1 550m，年均降雨量 440 ~ 480mm，年均无霜期 140 天左右，适宜发展林草、牧、药、荞麦、香谷米等粮食作物。该镇面积 17 099. 17hm^2，耕地面积为 3 041. 61hm^2，占全县耕地面积的 6. 16%。该镇耕地平均海拔为 1 509m，平均坡度为 17. 60°，土壤以黄土性土为主，有少量的潮土、淤土和红土，土壤质地以轻壤为主，有少量的沙壤、中壤和黏土，土壤结构以团块状为主，其次是核状、粒状和棱柱状。本社区共评价出 5 个地力等级。在各等级中以三级地为主，面积为 1 420. 63 hm^2，占该社区耕地的 46. 71%，其次是四级地，面积为 1 112. 53hm^2，占全社区耕地的 36. 58%；一级地、二级地、五级地的比例较为相当，面积分别为 159. 08hm^2、226. 57hm^2、122. 80hm^2，占耕地的比例分别为 5. 23%、7. 44%、4. 04%。

第二节　各等级耕地状况评述

一、一级地

（一）面积与分布

一级地面积 4 260. 65hm^2，占全县耕地面积的 8. 63%。一级地在各个乡镇均有分布，但在金丁镇和杏河镇分布最多，在纸坊社区只有少量分布。主要集中在河谷阶地上，但有部分分布在黄土高原丘陵区。

（二）主要属性

一级地主要分布在坡度较为平缓的河谷阶地上，平均海拔高度为1 290m，平均坡度为6.46°，土壤类型种类较多，有黄土性土、灰褐土、淤土、潮土、红土、紫色土、黑垆土和草甸土，土壤结构以团块状为主。土壤养分含量较高，速效钾含量相对丰富。一级地3 748.02hm^{2}均分布在河谷阶地上。一级地坡度分布在25°以下，主要分布在3°～15°上，耕地面积为3 398.75hm^2，占一级地的79.77%，3°以下的面积为738.90hm^2，占到一级地面积的17.34%，15°～25°间的面积有123.00hm^2，仅占一级地面积的2.89%。土壤侵蚀程度较弱，土壤养分含量较高（表5－2）。

表5－2　一级地的土壤养分含量

项目	有机质（g/kg）	全氮（g/kg）	碱解氮（mg/kg）	有效磷（mg/kg）	速效钾（mg/kg）
含量	6.0～9.3	0.26～0.58	24.70～36.00	8.2～12.3	98～179
平均值	7.36	0.45	29.60	9.88	133.67

（三）生产性能与障碍因素

一级地地面平坦，水土流失较轻，土体深厚，土质好，肥力水平高，生产性能高，适合种植多种作物。但主要障碍因素就是土壤肥力不足，部分土类如黄土性土在生产上存在肥力后劲不足、易受干旱威胁等障碍因素，应增施有机肥，改善土壤结构，提高土壤肥力，增强抗旱保肥和供肥能力。建立合理的轮作制度和科学的施肥制度等措施进一步培肥土壤。

二、二级地

（一）面积与分布

二级地面积4 843.41hm^2，占全县耕地面积的9.81%。各乡镇均有分布，主要集中在永宁镇和义正镇，面积都在1 000hm^{2}以上，其次是顺宁镇、双河乡，面积都在300hm^{2}以上，主要作物有玉米和马铃薯，主要分布在村庄周围的中等地带。

（二）主要属性

二级地主要分布在黄土高原丘陵区，面积为4 713.43hm^2，有少量分布在河谷阶地上。平均海拔1 475m，平均坡度为10.63°。土壤类型主要为黄土性土，其次为红土。土壤养分略高，有机质和一级略有差异。二级地均分布在25°以下，主要分布在3°～15°，耕地面积为4 296.07hm^2，占到二级地面积的 88.70%，15°～25°间的面积有 527.17hm^2，占二级地面积的 10.88%，3°以上少有二级地分布，仅有耕地面积 20.17hm^2，占二级地面积的 0.42%，二级地各土壤养分含量见表 5－3。养分含量与一级地很接近。

表 5－3　二级地的土壤养分含量

项目	有机质 (g/kg)	全氮 (g/kg)	碱解氮 (mg/kg)	有效磷 (mg/kg)	速效钾 (mg/kg)
含量	5.7～9.6	0.36～0.59	24.2～36.5	8.0～12.3	94～177
平均值	7.51	0.45	30.21	10.00	133.05

（三）生产性能与障碍因素

二级地地面坡度比较平缓，水土流失较轻，土壤性状良好，无明显障碍层次。但无灌溉条件，生产性能比一级地较低。处于河流两岸的耕地需加厚土层，消除障碍层次，同时加强培肥。

三、三级地

（一）面积与分布

三级地是全县分布最分散的一级耕地，面积 22 812.95hm^2，占全县耕地面积的 46.22%，是耕地面积中分布最多的级地，该级地在各乡镇均有分布，在永宁镇和义正镇分布最广，面积都在 3 000hm^{2}以上，其次是在旦八镇、双河乡、金丁镇，面积在 2 000hm^{2}以上。

（二）主要属性

三级地主要分布在主要分布在黄土高原丘陵区，占三级地的 99.90%，仅有 0.10%的分布在河谷阶地上。土壤类型主要是黄土性土，其次还有少量的红土、黑垆土和潮土。三级地的平均海拔为 1 468 m，平均坡度为 15.48°，12 972.33hm^2 耕地集中分布在 15°～25°上，占三级地面积的 56.87%，另外 9 812.17 hm^2 耕地分布在 15°～25°，占三级地分布的 43.01%，3°以下和 25°～30°的面积较少，分别为 6.94hm^2 和 20.72hm^2，大于 30°的耕地面积仅有 0.82hm^2，三级地土壤养分含量见表 5－4。

表 5－4　三级地的土壤养分含量

项目	有机质 (g/kg)	全氮 (g/kg)	碱解氮 (mg/kg)	有效磷 (mg/kg)	速效钾 (mg/kg)
含量	5.7～9.3	0.35～0.60	23.7～36.0	7.7～12.3	88～181
平均值	7.31	0.44	29.31	9.84	130.31

(三) 生产性能与障碍因素

三级地主要是旱地，理化性状较好，生产性能较高，比二级地低，主要障碍因素一是坡耕地面积增多，坡度增大，水土流失增强；二是有效土层厚度、土壤养分含量比一、二级地有所降低；三是有部分耕地无灌溉能力，降低了耕地生产力。在改良利用上，增施有机肥，秸秆还田，增建灌溉设施等措施，逐步培肥土壤，提高土壤的蓄水保墒能力，防止水土流失。

四、四级地

(一) 面积与分布

四级地面积 15 661.29hm^2，占全县耕地面积的 31.73%。各乡镇均有分布，主要集中分布在金丁镇、旦八镇、纸坊社区，面积分别为 3 407.36hm^2、2 112.45hm^{2}和 2 069.47hm^2。

(二) 主要属性

四级地主要分布在黄土高原丘陵区，平均海拔 1 462 m，面积约 15 654.23hm^2，占四级地耕地的 99.95%，土壤类型主要为黄土性土，此外还有红土和潮土的分布。四级地平均坡度 20.82°，主要分布在 15°～25°坡上，共有面积 14 320.81hm^2，占四级地面积的 91.44%；3°～15°坡地上有 336.12hm^{2}的耕地，25°～30°坡地上有 988.28hm^{2}的耕地，分别占四级地的 2.14% 和 6.31%，另外有 0.11% 的耕地坡度高于 30°。四级地的坡度变幅增大，水土流失严重。较大部分地块土壤侵蚀较为明显。土壤养分含量见表 5－5。

表 5－5　四级地的土壤养分含量

项目	有机质 (g/kg)	全氮 (g/kg)	碱解氮 (mg/kg)	有效磷 (mg/kg)	速效钾 (mg/kg)
含量	5.7～9.2	0.35～0.60	24～36	7.6～12.3	88～178
平均值	7.08	0.43	28.38	9.71	128.13

(三) 生产性能与障碍因素

四级地的生产性能中等偏下，主要障碍因素：一是坡耕地坡度增大，水土流失比三级地增强，土层变薄，肥力下降；二是部分耕地无灌溉能力，在四级地中，所有的耕地基本无灌溉能力，严重影响耕地地力。在改良利用上，平整土地，修建梯田，增施有机肥，培肥土壤，提高土壤的蓄水保墒能力，与此同时增建灌溉设施，引水防旱，防止水土流失，可逐步建成旱作稳产基本农田。

五、五级地

(一) 面积与分布

五级地面积 1 776.63hm^2，占全县耕地面积的 3.61%。各乡镇均有分布，主要集中在永宁镇和金丁镇，面积分别为 429.35hm^2 和 381.62hm^2。

(二) 主要属性

五级地全部分布在黄土高原丘陵区，平均海拔为 1 419m，平均坡度为 25.45°，土壤类型以黄土性土为主，另有淤土、红土、紫色土、灰褐土和潮土的分布。15°～25°、25°～30°间分布的五级地比例相当，面积分别为 681.74hm^2 和 707.39hm^2，占到五级地面积的 38.37% 和 39.82；3°～15°坡的面积 173.82hm^2，占五级地面积的 9.78%，另外有 12.03% 的五级地位于 30°坡以上。土壤养分含量见表 5－6。

表 5－6　五级地的土壤养分含量

项目	有机质 (g/kg)	全氮 (g/kg)	碱解氮 (mg/kg)	有效磷 (mg/kg)	速效钾 (mg/kg)
含量	5.9～8.6	0.35～0.57	24.30～34.90	7.7～12.0	88～169
平均值	6.96	0.42	27.97	9.73	129.63

(三) 生产性能与障碍因素

五级地大部分所处的地形坡度较大，土体厚度、腐殖质层厚度比四级地低，生产性能中等偏下。主要障碍因素：一是坡度大，表层质地疏松，易产生水土流失。利用时，小于 15°的坡耕地，通过建设等高田、增施有机肥、粮草轮作，提高土壤的蓄水保墒能力，防止水土流失，逐步改良为旱作基本农田；二是没有灌溉能力的五级耕地，应加强农业基础设施建设，增建灌溉措施，提高耕地生产能力。

第六章　对策与建议

第一节　耕地地力建设与土壤改良利用

一、耕地地力建设

耕地地力调查与质量评价的结果表明，志丹县的耕地质量中等偏下，主要表现在以下几个方面：一是志丹县地处陕北黄土高原丘陵沟壑区，全县耕地的平均坡度在16°左右，分布在较为平坦的河谷阶地的耕地面积较小，不仅影响机械耕作，而且土层较薄，水土流失严重，一遇到强降雨，径流汇集，沟蚀加剧，使许多地区形成千沟万壑，支离破碎的地形，农业耕作较为困难，耕地的综合生产能力低。二是耕地土壤养分含量较低，土壤有机质、氮、磷等元素含量较低，属中等偏下水平；三是县内以洛河、周河、杏河为主干，纵横交错的大小河流以及支、毛、冲沟，形成了树枝状的水系网，但水系网中大都是季节性沟、河，雨季丰水期，加大干流的急流量而形成洪水，干旱季缺雨，形成干流的枯水期，此外，基础水利设施建设欠缺，水资源分配不均，从整体来看，水资源的开发利用程度还很低，资源的优势还没有真正转化为经济优势和发展优势。上述几个方面的原因，导致耕地地力下降，严重制约了农业生产的可持续发展。针对存在的问题，下一步要因地制宜地确定改良利用方案，科学规划，合理配置，并制定相应的政策法规，做到因土用地，在保证耕地地力不下降的基础上，实现经济、社会、生态环境的同步发展。

二、加强水利建设，控制水土流失

在志丹县水旱灾害是所有灾害中最严重，影响最大的灾害。水旱灾害直接关系到农民的增产增收乃至社会稳定。发展农业节水灌溉措施，如渠道防渗措施、低压管道输水管灌、渗灌、喷灌、微喷灌、脉冲灌、膜上灌、膜下灌、沟畦改造等，减轻旱灾频率和影响。通过修建水利工程、水保措施、生物措施，整好一块田，建造一片园，蓄起一池水，做到拦、蓄、管、节等综合防治措施，有效地拦蓄地面径流和泥沙。全县应做好计划，拨出专款，责成有关部门限期修复水利设施，充分利用水资源，发展节水灌溉，为志丹县粮食生产奠定良好的基础。同时应及时修复水毁基本农田，并把植物措施、耕作措施、工程措施有机地结合起来，确保水土流失得到控制。

三、建设稳产、高产基本农田

农田基本建设是控制水土流失，实现稳定高产的重要工程措施。根据志丹县水利资源的地域分布和时空分布特点，应以水保为主，做好沟头防护，实现田、林、路配套。志丹县一级地主要分布在灌溉条件较好的河谷阶地，合理开发利用志丹县的水资源，把河谷阶地用地尽快变为保水保肥，稳产高产的基本农田，并推广高效、节水的灌溉方式，逐步建设成为志丹县高产高效的基本农田，此外位于黄土高原丘陵区的部分耕地，因其土层薄，土壤养分含量相对较低，在农田基本建设基础上，要通过增施有机肥、推广粮草轮作，培肥土壤，提高保水保肥能力，逐步建设成为旱作稳产基本农田，部分无灌溉条件的坡耕地，可通过建设等高田或等高耕作，拦截降水径流，防止水土流失，并改善灌溉条件，增施有机肥料，逐步建设旱作稳产基本农田。部分坡度较大的坡耕地，应退耕还林还草。

四、发展“山地苹果”

志丹县耕地大部分位于黄土丘陵区，海拔相对较高，坡度较大。坡耕地，特别是陡坡耕地是水土流失的主要来源。治理坡耕地既是控制水土流失的需要，也是实现可持续发展战略，实现“两高一优”农业，建设稳产、高产基本农田，农业生产发展的需要，只有建立优质高产的基本农田，农产品才能稳定增长；只有建立优质高产的基本农田，才能实现土地利用结构调整，实现生产要素的优化配置，大部分不宜耕种的荒山、荒坡、陡坡地发展山地苹果产业，既可巩固水土流失治理成果，又可带来经济效益。

五、统筹生态农业建设，推进产业生态化

大力实施“生态立区”战略，把改善生态环境、农业结构调整与农民增收结合起来，推进生态化建设。一是围绕建设生态农业抓产业，根据志丹县气候、土壤和立体条件制定生态建设和产业建设规划；发展无公害农业，

推行测土配方施肥和精准施肥，鼓励农民秸秆还田，施用农家肥等有机肥和生态农药为主，减少大剂量化肥和高残留有毒农药的使用，发展无公害食品、绿色食品和有机食品。建设可持续发展的生态农业经济发展格局。

第二节　土壤改良利用分区

土壤改良利用分区是土壤组合及其他自然生态条件的综合性分区。划分土壤改良利用分区对充分利用土壤资源，改良土壤，全面规划，分区治理，不断改变农业生产基本条件，提高农业生产水平具有十分重要的意义。

一、分区的原则和分区系统

（一）分区原则和依据

土壤改良利用分区的原则，就是根据不同区域内土壤在农业生产中存在的主要矛盾，因地制宜地提出改良措施和利用意见。土壤改良利用分区采取主区和副区两级分区制。划分主区的主要依据是同一区内：地貌类型和水文地质基本相同；土壤类型和成土母质基本相同；农业生产特点和存在问题基本相同；改良利用方向基本一致。划分副区的主要依据是同一副区内：局部小地形和土种基本相同；土壤障碍因素和改良难易程度以及改良利用措施基本相同。

总之，主副区从区域性角度出发，按各区内的自然条件和土壤特点，生产上的主要矛盾和限制因素，因地因土提出改良利用的主攻方向和措施。

（二）分区系统

分区采取主区和副区二级分区系统，同一主区有相同的生态环境条件，土壤改良利用的方向相同。主区内的各副区，具有不同的土壤障碍因素和肥力水平，改良措施也随之不同。主区代号用罗马字母（Ⅰ、Ⅱ、Ⅲ……）表示，副区代号用阿拉伯数字表示。例如第二主区的第二副区写为Ⅱ_2，其余类推。

根据上述原则和依据，把志丹县土壤分为三个改良利用主区，九个改良副区。

第一主区（Ⅰ）：河谷阶地淤土，黄绵土高产培肥区。该区包括五个副区。

Ⅰ_1：川台、沟条以科学种田，发展灌溉为主的淤土，黄绵土高产稳产副区；

Ⅰ$_2$：以防碱排洪为主的坝淤土、堆垫土高产培肥副区；

Ⅰ$_3$：以改良土壤通透性为主的潮土培肥副区；

Ⅰ$_4$：以排水防涝为主的锈斑泥质田、草甸沼泽土改良培肥副区；

Ⅰ$_5$：以固涧防蚀为主的涧地黄绵土培肥副区。

第二主区（Ⅱ）：梁峁坡地黄绵土、红土水土保持改良区。该区包括四个副区。

Ⅱ$_1$：以深耕改土，培肥地力为主的梯田黄绵土改良副区；

Ⅱ$_2$：<25°以修建水平梯田为主的缓坡黄绵土改良利用副区；

Ⅱ$_3$：>25°以造林种草为主的陡坡黄绵土、红土改良利用副区；

Ⅱ$_4$：以合理耕作，水土保持为主的湾塌黄绵土改良利用副区。

第三主区（Ⅲ）：土石低山碳酸盐灰褐土综合利用改良区。

二、各区的基本特点及改良利用方向分述

（一）河谷阶地淤土，黄绵土稳产高产培肥区

本区主要包括洛、周、杏子河三条大川及其支流沟阶地，共计4 542.83hm^2，占土壤面积的1.24%。由于南北、东西跨度大，所以气候条件、水热状况、海拔高度、土壤类型等均较复杂，有其区域性差异。一般海拔1 000～1 200m。相对高差200m左右。年降水量北部460mm左右，中部520mm，南部537mm。年平均温度北部7.5℃，中部7.9℃，南部8.5℃。无霜期由北向南分别为130天、140天、150天左右。由于河谷阶地所处地形部位所致早春寒潮袭来，冷空气沉聚河道，易发生霜冻，夏季中午烈日直照，空气流通小，气温较高。土壤主要有川台黄绵土、淤土、潮土以及锈斑泥质田等。该区的特点是：第一，一级阶地分布连片，面积较大而平坦，交通方便，实现机械化作业有条件。第二，水源丰富，有灌溉条件。第三，二级阶地和沟条地由于侵蚀切割形成条状，块状，面积大小不等，残缺破碎。但都就近居民点，是历年耕养的重点农田。第四，土壤较肥，是志丹县粮食高产稳产区。

本区在农业生产上存在的主要问题。第一，土地大平小不平。大部分土地具有灌溉条件，而没有灌溉设施。第二，河槽不稳，特别是周河河槽不稳固，沿岸常受溢洪冲击，河槽位移，成片农田受毁。第三，靠河岸的夹砂（石）、砾质、砾石等淤土类漏水漏肥，跑墒严重。第四，坝地地下水位上升，土壤日趋盐碱化，易遭洪水危害。第五，潮土土壤板结僵硬，通气性差

直接影响产量。

该区改良利用措施应因土而异，就其共同点集中做好：

（1）大搞土地平整，彻底解决大平小不平的问题，千方百计搞好水利设施配套，不断扩大灌溉面积，确保旱涝丰收。

（2）大力使用有机肥，巧用化肥，尽快提高土壤肥力。

（3）调整作物种植面积，稳定玉米、谷子等大田作物，发展豆类等肥田作物，扩大商品性作物面积，把用地和养地结合起来，把经济作物与粮食作物等同看待，不断改进土壤结构，提高生产商品率。

（4）生物和工程措施并举，搞好坝地防洪排水，川台沿河营造护岸林，沟条地搞平整，打围堰。

由于土壤类型、分布和障碍因素的差异，本区分为 5 个副区。分述如下。

I_1川台、沟条以科学种田，发展灌溉为主的淤土、黄绵土高产稳产副区。

本副区主要是淤土，川台沟条黄绵土以及高阶地上的黑垆土，共计 3 924.84hm^2，占土壤面积的 1.049%。地面坡度大致在 0°～5°，耕层厚度一般在 16cm 上下，川台黄绵土养分不足，淤土有机质 7.4 g/kg，全氮 0.58 g/kg，碱解氮 48mg/kg，速效磷 9mg/kg，速效钾 161mg/kg。绝大部分地块无灌溉设施，沿河岸的沙板田养分含量很低漏水跑墒。该区改良利用措施首先在田、林、路、水全面规划的基础上，大力平整土地。河槽不稳固的砌河堤，打“丁”字坝固河护岸。千方百计引水上台，充分利用水资源，变旱田为水浇地。深耕改土，加厚耕作熟化层，增施有机肥料，提倡秸秆直接还田。有计划地轮种绿肥或豆科肥田作物，改变土壤的理化性状。对于沿川河岸的危害性淤土［包括夹砂（石）、砾质、砾石等］采取引洪漫灌，客土垫地，加厚土层，改变耕层质地。对于表砾质土壤要挖砂露土，并在增施肥料的基础上加深熟化层。施用化肥注意“少吃多餐”，防止漏肥跑肥，提高肥料利用率。

I_2以防碱排洪为主的坝淤土，堆垫土高产培肥副区。

坝淤土早期尚能增加保存养分的作用，但随时间增长孔隙降低，土壤板结，土壤物理性状不良，地下水位上升，盐碱化不断增加。加之沟头坡面洪水的威胁等都是坝淤土和坝内堆垫土在生产中的主要障碍。全县坝淤土、堆垫土面积为 334.15hm^2，占土壤面积 0.089%。其改良利用措施主要是：加固坝堤，搞好排洪设施。在坝地周围挖排水沟，降低地下水位，防止盐碱上升。加强中耕，防止土壤板结。增施有机肥，合理倒茬，改变土壤质地，提高坝地的增产效益。

$Ⅰ_3$以改良土壤通气性为主的潮土培肥副区。

本副区包括残迹黑潮土，轻度盐化潮土和潮土，分布在永宁、义正两乡较低洼的阴沟平坦阶地上，共225.07hm^2。该副区内气温、地温较低，地下水埋藏浅，地下水随降雨而季节性的升降致使土地板结僵硬，土壤通气性差，但土壤潜在肥力大。因而要深耕改土，加强中耕，以利提高地温，疏松土壤，减轻板结。还可采取种植绿肥，实行粮肥轮作，改善土壤结构，产量可大幅度提高。

$Ⅰ_4$以排水防涝为主的锈斑泥质田，草甸沼泽土改良培肥副区。

从利用方向上考虑，把草甸沼泽土划归该副区，经人工改良可变为水稻田。该副区只有38.9hm^2，分布在永宁、义正近林区。草甸沼泽土地处低洼沟地，水分长期处于饱和状态，铁质还原，土粒分散，无结构，腐殖质含量高。同样锈斑泥质田处在近林区，云雾荫蔽，光照不足，天旱时不能灌水，雨涝则是游水串灌，因而亩产下降，面积减少，急需加以改良。开沟排灌是改良沼泽土和泥质田的根本措施，修三沟（排水沟、防洪沟、灌水沟）治水改土。开排水沟改变沼泽土长期淹水的状况，挖排洪沟，根据山坡地形和山洪流量，在靠山基边挖环山明沟，拦截洪水，防止水土冲刷，修灌水沟改游水串灌为合理灌溉。开好三沟，改变土壤中的水、气、热状况，增强土壤中的微生物活动，提高养分转化。扩大稻田，实现稳产高产。

$Ⅰ_5$以固涧防蚀为主的涧地黄绵土培肥副区。

涧地黄绵土分布在金丁镇，面积只有19.87hm^2。其主要问题是涧地四处切沟侵蚀和重力侵蚀形成滑塌，威胁涧地。加之地形所致，无霜期短，一般年份只有120天左右，不利于农作物的生长和成熟。因而要沿沟护坡防止重力和切沟侵蚀。在切沟的沟头和沟沿有密植林草。涧滩四周修梯田，防止土壤侵蚀。尽量种植生育期较短的糜谷。加强中耕，使用热性肥料，提高地温，促进作物早熟。

（二）梁峁坡地黄绵土，红土水土保持改良区

本区包括除河谷涧地和南部土石低山之外的梁，峁沟壑坡地，面积271 212.28hm^2，占全县总面积72.471%。海拔大部分在1 450～1 650m，坡度一般大于10°，梁峁地相对较缓，多在10°～25°，绝大部分是现耕地，沟壑坡地一般大于25°，沟壑密布切割较深，由数十米到百余米，崩塌、滑坡严重，老黄土、古黄土和所夹的古土壤条带出露，形成浅红棕色的二色土农业无法利用。一些沟抓地多为疏林草地，土壤为生草黄绵土。

本区由于地理位置所致，地形破碎，加之土地利用不合理，土壤侵蚀十分严重，土壤瘠薄，地表水与地下水干枯，生态系统失去平衡，生产水平很低。该区包括梁、峁、坡地上耕地为 100 001. 85hm²。零星残存的黑垆土为 896. 14hm²，以及立坡、陡坡、沟头和沟道底部的红土类共有 1 183. 33hm²。这一区的特点是：①耕地以坡地为主，耕作粗放，水土流失严重，产量低而不稳。②荒山草坡面积大，植被覆盖差。③土壤养分含量低，据坡黄绵土土样分析有机质 8. 3 g/kg，全氮 0. 652 g/kg，碱解氮 44mg/kg，速效磷 6mg/kg，速效钾 120mg/kg。④谷缘线以下坡面陡立，崩塌较普遍，红土裸露面逐年增大。

本区总的改良措施应从实际出发，全面规划，综合治理，因地制宜，适当集中。即，宜农则农、宜林则林、宜草则草。农、林、水、牧互相配合，治山、治沟、治坡统筹兼顾，避免盲目性或顾此失彼。实行按流域治理，统一领导，统一规划，兼顾上下游，协作治水，充分利用水土资源，实行山、水、田、林、路综合治理，按照水土流失的规律因地制宜，因害设防，合理布设各种措施，有效地控制水土流失。

按照梁、峁、坡地各种地形利用方向不同，本区分为四个改良利用副区。

II_1以深耕改土，培肥地力为主的梯田黄绵土改良副区。

将梯田黄绵土划归本区是考虑其分布的。这一副区的主要问题：①原修的一些质量不高的梯田，由于多年洪水冲刷，塄坎倒塌，不补修有再度变为坡地的危险。②相当一部分梯田，条带过窄，不利耕作，埂坎不固，地面不平。③耕层过浅。肥力较低。由于上述问题，其利用改良措施是：一是加紧补修被水冲毁的原有梯田，加塄固埂，平整地面，提高梯田质量。二是对规划不良，条带过窄的梯田重新加工提高，放宽条带，坚固田埂，平整地面，进而发挥梯田蓄水保肥增产的作用。三是深翻改土，加厚耕层，促进土壤熟化。四是增施有机肥料，改变土壤结构。还可轮种间种绿肥，提高土壤肥力，以解决有机肥不足的问题。

II_2 <25°以修建水平梯田为主的缓坡黄绵土改良利用副区。

在农田基本建设还很差的情况下，这一副区还属宜农区，包括各种坡黄绵土，该区的特点和问题是：①由于耕作措施不良，水、土、肥流失严重。②耕层薄，施肥量低，土壤瘠薄，产量低而不稳。③从长远发展方向出发，这些农耕地要逐年修建成高标准水平梯田。这一副区的改良措施：一是大力推行水平沟种植法，变坡为小台阶，达到拦截雨水，减缓地表径流，使水不下山，土不下坡，保水、保土、保肥。二是有计划，有步骤地修建水平梯用。三是增施有机肥，种植绿肥，或养地作物，提高土壤肥力，使产量稳步提高。逐年增大基本农田面积，促使 >25°的农耕地首先退耕，还林还草。

Ⅱ_3 >25°以造林种草为主的陡坡黄绵土、红土改良利用副区。

这一副区坡度大，植被差，水土流失加剧，致使红土面积逐年增大，基岩出露。区内还有 32 133.04hm^{2}农耕地，占农耕地 32.13%，大部分草地亦分布在这一副区。

这一副区发展的方向，农耕地尽快退耕还林还牧。因而改良的措施是：大抓种树种草，大范围尽快地控制水土流失。对原有荒坡，滑坡裸土等要加强草原改造。乔、灌、草一起上，草灌先行，种植优良速生牧草和树木，提高植被覆盖率。造林种草不仅能抵御暴风雨对地面表土的直接冲击，减少地表径流，保持水土，减缓土壤侵蚀。还可削减风力，降低风速，调节气候。合理利用土地，保证生态平衡。可为发展农业、牧业创造条件，又能解决目前三料（燃料、饲料、肥料）奇缺的问题。

种树种草要综合地系统的设防措施。例如：在陡坡植树，如不采取返坡、水平沟、鱼鳞坑等方法，一是树苗受干旱威胁，将难于成活；二是树苗较小本身还发挥不了固土保水的作用，反而由于种树还会加剧水土流失。

Ⅱ_4以合理耕作，水土保持为主的湾塌黄绵土改良利用副区。

这一副区绝大部分为现耕地，共计 1 703.33hm^2。其特点是由于基座出水或地壳的局部运动或其他因素的影响，边坡土状物质失去了重力平衡，打破了它的相对稳定状态，在重力作用下发生位移，而形成塌地。这种移动称之为“三度空间侵蚀”，比其他层状剥蚀要严重得多。因为土体移动又进一步为土壤侵蚀创造了条件。使整个土体松散，形成不少的裂隙和洞穴，地表径流渗入地段，特别是坡上段径流沿裂隙穴洞穴下渗、在溶蚀、潜蚀作用下，塌地表面形成不少的马蹄形或椭圆形的陷穴，使地面坎坷不平，塌地后壁形成二三米甚至十几米的陡坎，前稍形成崩塌，土层倒乱。由于湾塌地侵蚀特点不同于其他，因而改良措施应首先在塌地前稍密植树草，固土保水防止继续崩塌。在塌地后壁上坡修排洪沟，修筑水平梯田，对不能修筑水平梯田的陡坡地，可种草种树阻止地表径流。另外，在湾塌地上修建水平梯田，层层蓄拦雨水，减轻地面径流的冲力，防止塌地土壤侵蚀。

（三）土石山地碳酸盐灰褐土综合改良利用区

这一区包括永宁、义正两乡以及旦八、纸坊、双河天然林地和天然灌木林地，共计98 481.34hm^2，土壤大部分是在林草植被下由黄绵土发育成碳酸盐灰褐土，夹有生草黄绵土和紫色土。碳酸盐灰褐土分布在林草覆盖强、黄土母质上的林区和半林区内。紫色土分布在阳坡靠近基岩的沙岩风化物上，多生长杂草或灌木。这一区内土壤侵蚀较弱，水土流失较轻。但目前孕育的问题是：林相残败，由于干旱，天然更新很差，涵养水源能力降低，一些地方对原有林木乱砍滥伐和毁林开荒，草场老化，植被率下降，土壤侵蚀愈增，水土流失加重，土壤由碳酸盐灰褐土向黄绵土演变。

因此，今后主要改良措施是：保护森林、抚育幼林，科学地进行次生林改造，大力发展以林业为主的多种经营生产。保护现有林，提高林木生长率，要认真贯彻“以营林为基础，造营并重，采育结合，综合利用”的方针，本着“全面规划，因地制宜，抚育为主，抚育、改造、利用相结合”的原则，提高森林质量和林地生产力，充分发挥森林的多种防护效能，使青山常在，永续利用。当前在保护的前提下，积极改造林分，引进、更换目的树，发展油松、小叶杨，保护侧柏。在居民点附近宜造桑果、山杏、山桃、核桃等经济林。对于残留的零碎天然林实行封山育林，促使林木速生，提高森林覆盖率。

该区降水较多，分布比较均匀，气候湿润，温度变化较小，林副产品丰富，又有较好的天然草场，是发展畜牧业的好地方。同时应有计划地发展以林、牧生产为主的多种经营。充分利用林牧副产品，发展林牧副产品加工业，保护野生动物，为国家提供林牧副商品，支援四化建设。

第三节　加强耕地质量管理

耕地质量管理是一项长期的、综合性的系统工作，既要有技术措施，又要有政策、法律、法规作保障。通过本次耕地地力调查与质量评价工作，建立起耕地资源管理信息系统，在此基础上，加强耕地土壤肥力的长期定位监测工作，监测数据用于进一步补充完善和更新管理系统，实现耕地资源的动态管理，并以此为依据，提出耕地地力建设的技术措施。同时在认真贯彻《中华人民共和国环境保护法》《中华人民共和国农业法》等现有法律、法规的基础上，制定《志丹县耕地质量管理条例》，规范耕地用养制度，做到依法管理，确保耕地地力的建设与保护。

（1）广泛宣传，形成耕地质量建设与数量保护同等重要的全民意识。耕地是我们的生命线。对耕地数量的保护已经引起足够的重视，而耕地质量表面上看不见、摸不着，在没有发生质的飞跃之前往往被人们所忽视。必须针对当前耕地保护中普遍存在的“重数量、轻质量”“重利用、轻养护”“重外部环境建设、轻土壤培肥”等倾向，站在维护国家安全和经济社会可持续发展的战略高度，切实加大宣传力度，唤起社会各界和广大农民群众的耕地质量建设意识，动员全社会尤其是广大农民群众参与耕地质量建设与管理的自觉性和积极性。

（2）健全法制，为加强耕地质量建设与管理提供法律保障。国家应加快耕地质量建设与管理的立法步伐，制定出台《耕地质量保护法》，并抓紧修订完善《土地管理法》和《基本农田保护条例》。按照保障农民权益、控制征地规模、加强质量管理的原则，严格规范土地利用和基本农田保护行为，明确各级地方政府在耕地质量建设与管理方面的职责、权限。地方性法规也应配套，当前主要是加快《陕西省耕地质量保护条例》的立法进程，逐步建立耕地质量行政执法体系，规范耕地质量建设与管理行为。

（3）理顺职能，完善统一高效的耕地质量建设与管理工作机制。各级政府应把耕地质量建设与管理纳入重要议事日程，认真落实行政首长任期目标责任制。科学制定全省统一的耕地质量建设规划，明确目标、任务和各级各部门的职责。充分发挥各级农业部门在耕地质量建设与管理中的技术优势，明确各级农业部门在土地出让、土地整理、农业综合开发、新开耕地建设等工作中的职能权限，特别要加强对当地复垦、整理等补充耕地的质量验收，确保新增耕地与被占耕地质量相当。区级以上农业部门要针对耕地质量建设与管理中存在的问题，加强监督管理，加大对破坏耕地质量行为的查处力度。

（4）加大投入，建立取之于土、用之于土的耕地质量建设投入机制。目前，国务院和财政部、国土资源部以及省政府均对土地出让金提取和使用进行了规定，部分省市已经从土地出让金纯收益中提取的一定比例的资金用于耕地质量建设。各地应按照“取之于土，用之于土”的原则，每年从土地出让金和新增耕地开垦费中安排不少于10%的资金，建立耕地质量保护与建设专项基金，用于耕地质量建设、耕地质量动态监测，并对测土配方施肥、有机肥施用、秸秆还田和绿肥种植等实行直接补贴。

（5）科技先导，充分发挥土肥科技在耕地质量建设中的重要作用。各级农业部门要充分发挥职能作用，积极参与耕地质量建设规划论证、勘测设计、技术指导、质量监督。要针对不同的障碍因子采取相应的农艺、化学、生物、工程等措施，因地制宜加强耕地质量建设。各级土壤肥料教学、科研和技术推广部门要加强合作，联合开展土壤改良与地力培肥、土壤退化与防治、污染耕地修复与防治、新型肥料研发与施肥技术推广、土肥水技术标准制定、耕地质量监测和耕地质量预警系统等方面的基础理论与应用技术研究。结合“农业科技入户工程”的实施，加强技术培训，提高农民素质，促进土壤肥料科技成果转化。

专题报告篇

第一章　志丹县玉米（马铃薯）种植适宜性评价

一、评价意义

在农业生产中，经常会遇到某种作物在甲地生产良好，而在乙地则表现完全相反的情况；即使同类作物，品种不同，也会如此。“橘逾淮而为枳”的现象表明，任何植物和动物在某一地区能否繁衍生长，与它们所在地区的环境条件（无疑包括土地条件）有着十分密切的关系。一般来讲，土地可以用来种植多种作物，有多种用途，例如：农地既适宜农作物生长，又可以发展林业，更可以种植牧草等。然而在同一类型土地上，虽然条件相同，但多种作物的生长状况和生产水平却往往差异较大，一些作物由于适宜本地的土地条件，生长发育良好，产量很高；而另一作物由于不适宜这里的环境条件，则情况完全相反。

玉米（马铃薯）是志丹县重要的经济作物，其种植面积较大，历史悠久。但由于耕地状况和农业措施不同，玉米（马铃薯）的适宜性程度也表现出较大差异。为了更合理地开发和利用当地稀少的耕地资源，维护和提高耕地生产力，本章基于志丹县“测土配方施肥”项目的调查分析结果，利用“县域耕地资源管理信息系统”，对志丹县玉米（马铃薯）种植适宜性进行了定量评价和分级。

二、区域状况和评价流程

（一）区域概括

志丹县位于陕西省北部黄土高原丘陵沟壑区，地理位置介于东经108°11′56″～109°3′48″，北纬36°21′23″～37°11′47″。行政辖区南北长95.56km，东西宽70.01km，东部和安塞县相接，西北部与吴起、靖边县相连，东南部和甘泉、富县毗邻，西南部与甘肃省合水县、华池县交界。总面积为3 781km^2。地势由西北向东南倾斜，平均海拔1 093～1 741m，相对高差648m。以洛河、周河、杏子河三大水系网形成三个自然区域，称西川、中川、东川。境内沟壑纵横，梁峁密布，山高坡陡，沟谷深切。属温带大陆性季风气候区，四季变化明显，温度变化大，无霜期短。年平均日照时间为2 332.1小时，占可照时数的52%。年平均气温8.3℃，年均无霜期142天。受微地貌的影响，南北相比，全年≥0℃的积温最大相差568℃，≥10℃的积温最大相差693℃。全县年均降水量509mm，年平均蒸发量1 557mm，相当年平均降水量的近3倍，全县干旱指数为2。

志丹县现辖7镇1乡，4个社区，200个村委会。所含乡镇包括保安镇、杏河镇、永宁镇、顺宁镇、金丁镇、旦八镇、义正镇、双河乡、张渠社区、侯市社区、纸坊社区、吴堡社区。县政府驻地为保安镇（图1-1）。总人口14.5万人，其中农业人口11.2万人，占总人口的77.24%，人口密度为38.3人/km^2。

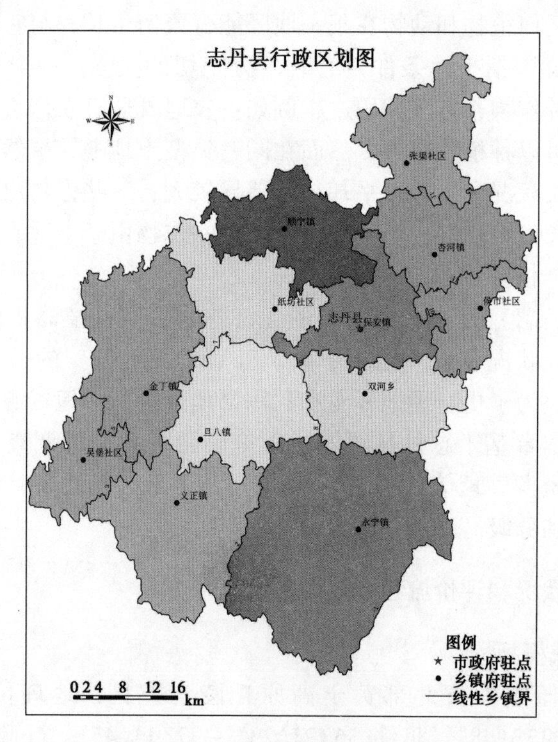

图1-1　志丹县行政区划示意图

志丹县属温带半干旱大陆性气候。日照充分，温度变化大，雨量分布不均，无霜期短。总的气候特点是，春季气温回升快而多变，干旱多风，日照充分；夏季有短期高温，多阵雨，有伏旱，秋季降温明显，风小雾多，冬季寒冷而长，降雪极少，结冰期长。

志丹县处于鄂尔多斯地台向斜东南角，陕北构造盆地的西北边缘，属于陕北黄土高原梁峁丘陵沟壑区的一部分。长期以来，在中生代地代地层及新生代晚第三纪的红土层构成的古地形之上，覆盖了一层很厚的风积黄土，又经长期的侵蚀作用，特别是水蚀切割，形成了今日志丹县境内以梁峁为主的地形。地表支离破碎，山高坡陡，河谷深切，基岩出露。

境内沟壑纵横，洛河、周河、杏子河纵贯县境，河谷、干沟、中沟、切沟、浅沟和细沟纵横交错，呈树枝状或扇状结构。形成三条长蛇状的川道与三条大分水梁由西北向东南蜿蜒崎岖。地势西北高而东南低。纸坊社区的塔畔梁峁海拔 1 741m，是境内最高点；永宁镇马老庄洛河出境处海拔 1 093m，是境内最低点。相对高差 648m，山大沟深、梁窄坡陡，梁顶到谷缘的北坡平缓狭长，阳坡短而陡立。谷缘线以下黄土壁立，崩塌普遍。干沟和河沟的横断面呈宽“V”字形，滑坡、泻溜也时有发生。按其地貌特征可分为河谷阶地、黄土高原丘陵区两种类型。

志丹县土壤共有 10 个土类、13 个亚类、23 个土属和 55 个土种。土类分别是黑垆土、黄土性土、灰褐土、红土、淤土、潮土、沼泽土、草甸土、紫色土和水稻土。

（二）评价数据与流程

1. 基础数据

采用基础数据资料：2008 年开始进行的“测土配方施肥”项目所获得的耕地调查点资料（包括采样点坐标、基本耕种情况、土壤农化分析数据）、县乡村基本情况统计以及相关文本资料和数据资料。空间数据包括 1∶5 万土壤图、地形图以及行政边界图、土地利用现状图等。数据处理和管理软件包括 ACCESS 数据库软件、SPSS 统计分析软件、ArcGIS 地理信息系统软件和县域耕地资源管理信息系统软件。

2. 技术流程

整个评价技术流程见图 1－2，评价的具体步骤为：

（1）收集相关数据资料和图件，并按照统一的规范进行分析和处理，建立适宜性评价数据库。

（2）选取评价指标，确定单因素权重，即建立隶属函数模型及层次分析模型。

（3）利用土壤图、土地利用现状图及行政区划图确定评价单元。提取评价单元属性，包括土壤农化分析数据、田间调查数据等评价指标属性。

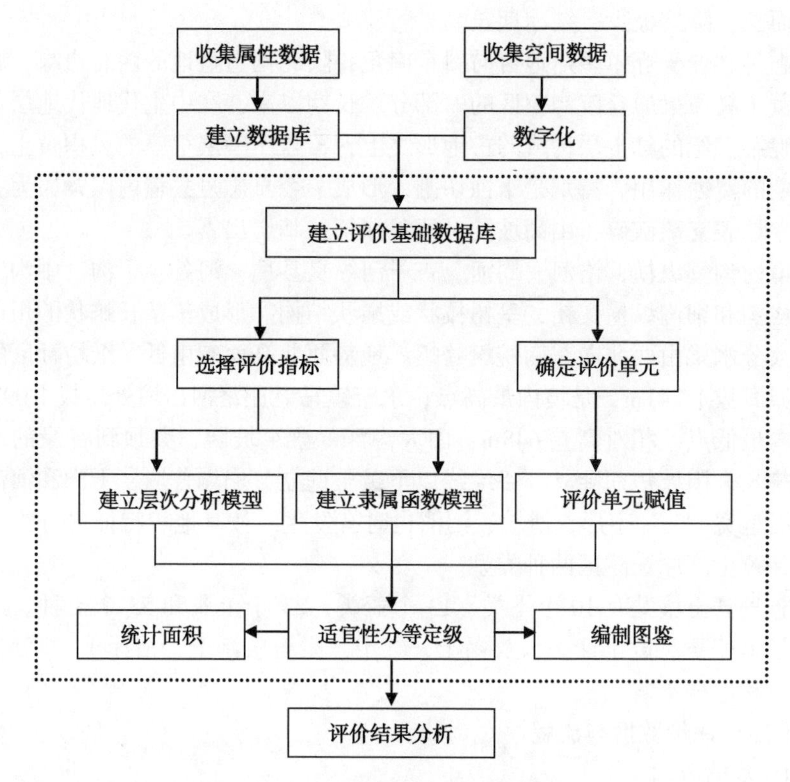

图1-2　适宜性评价技术流程图

(4) 根据建立的评价模型确定评价单元等级，获得各等级耕地面积，编制适宜性空间分布图等。

三、耕地适宜性评价过程

(一) 评价单元的确定

评价单元是玉米（马铃薯）用地适宜性评价的最基本单位。它直接关系到评价质量和工作量的大小及评价结果的应用。本次玉米（马铃薯）适宜性评价采用土壤图、土地利用现状图、行政区划图叠加形成的图斑作为评价单元。土壤图划分到土种，土地利用现状图划分到二级利用类型，行政区划图划分到村，同一评价单元土种类型、利用方式及行政归属一致，不同评价单元之内既有差异性，又有可比性。

(二) 评价指标的选择

在选择评价指标时，综合考虑志丹县土地资源的特点，结合该地实际情况，依据针对性、主导性、稳定性、可操作性等选取原则，运用专家经验法，最终选 10 个评价指标，包括地貌类型、坡度、土壤质地、土壤结构、农田基设施、灌溉能力、碱解氮、有效磷、速效钾、有机质。

（三）评价指标权重的计算

由于各个评价指标对玉米（马铃薯）用地的适宜性有着不同的影响，应根据每个指标对其贡献大小赋予相应的权重，力求结果尽可能准确反映土地质量。其权重和评价评语采用层次分析法和模糊评价法确定。

参评因子赋值采用隶属函数模型，根据模糊数学的理论，将选定的评价指标与耕地生产能力的关系分为戒上型、直线型和概念型 3 种种类型的隶属函数。坡度、有机质、有效磷、碱解氮和速效钾可以用特尔斐法对一组实测值评估出相应的一组隶属度，并根据这两组数据拟合隶属函数；也可以根据唯一差异原则，用田间试验的方法获得测试值与产量的一组数据，将产量转换为 0 ~ 1 数值表达的一组数据，再用测试值与转换后的数据拟合隶属函数。而概念型指标如质地、土壤结构、农田基础设施、灌溉能力、地貌类型等，与耕地生产能力之间是一种非线性的关系，采用特尔斐法直接给出隶属度。利用县域资源管理信息系统隶属函数分析模块对志丹县 10 个评价指标确定隶属函数模型（表 1 -1、表 1 -2）。

表 1 -1　数值型评价指标隶属函数表

函数类型	项目	隶属函数	a	c	u_1	u_2
戒上型	有机质	$Y=1/[1+a\cdot(u-c)^2]$	0.041181	12.489812	0	12.489812
戒上型	有效磷	$Y=1/[1+a\cdot(u-c)^2]$	0.048948	13.917209	0	38.311818
戒上型	速效钾	$Y=1/[1+a\cdot(u-c)^2]$	0.000250	189.504186	0	13.917209
戒上型	碱解氮	$Y=1/[1+a\cdot(u-c)^2]$	0.011111	38.311818	0	189.504186
负直线型	坡度	$Y=1.073462-a\cdot u$	0.030053	35.718963	2.45	35.718963

表 1 -2　概念型评价指标隶属度表

评价因素	项目	专家评估值					
地貌类型	指标	河谷阶地		黄土丘陵			
	评估值	1		0.6			
土壤结构	指标	团粒	团块	核状	块状	棱柱状	粒状
	评估值	1	0.9	0.8	0.7	0.5	0.4

（续表）

评价因素	项目	专家评估值					
土壤质地	指标	中壤	中偏轻	轻壤	黏壤	沙壤	黏土
	评估值	1	0.85	0.7	0.6	0.5	0.4
灌溉能力	指标	能灌		能灌	无灌		
	评估值	1		0.8	0.3		
农田基设施	指标	水浇地		配套	基本配套		
	评估值	1		0.8	0.6		

参评因子权重确定采用层次分析模型进行，将志丹县10个评价指标通过建立层次结构、构造判断矩阵、层次单排序及其一致性检验、层次总排序及其一致性检验得到各因子的组合权重，结果见表1-3。

表1-3　评价因子组合权重表

目标层A		耕地地力				组合权重 ΣB_iC_j
准则层B		B_1	B_2	B_3	B_4	
		0.4547	0.2630	0.1411	0.1411	
立地条件 B_1	地貌类型（C_1）	0.5000				0.2273
	坡度（C_2）	0.50000				0.2273
土壤性质 B_2	土壤质地（C_4）		0.5000			0.1315
	土壤结构（C_5）		0.2500			0.1315
肥力状况 B_3	有机质（C_7）			0.4547		0.0642
	碱解氮（C_8）			0.2630		0.0371
	有效磷（C_9）			0.1411		0.0199
	速效钾（C_{10}）			0.1411		0.0199
土壤管理 B_4	灌溉能力（C_{11}）				0.7500	0.1059
	农田基本设施（C_{12}）				0.2500	0.0353

（四）适宜性等级的划分

以各评价单元的综合得分做出玉米（马铃薯）用地适宜性的累积频率曲线图，用累积曲线的拐点处作为每一等级的起始分值。另外考虑限制性因素，对志丹县玉米（马铃薯）种植适宜性进行等级划分，共划分为四个等级：高度适宜、适宜、勉强适宜、不适宜，划分结果见表1-4。

表1-4　玉米（马铃薯）适宜性等级划分

适宜类	高度适宜	适宜	勉强适宜	不适宜
玉米（马铃薯）	>0.65	0.60~0.65	0.55~0.60	<0.55

四、适宜性评价结果分析及建议

（一）玉米（马铃薯）种植适宜性面积统计与空间分布

志丹县玉米（马铃薯）用地适宜性评价的最终结果见图1－3。志丹县耕地总面积为49 354.96hm²，各适宜等级面积及所占比例见表1－5。

表1－5　玉米（马铃薯）各适宜级别面积及百分比

适宜类	高度适宜	适宜	勉强适宜	不适宜
面积（hm²）	7 446.42	19 842.17	18 514.71	3 551.66
面积比例（%）	15.09	40.20	37.51	7.20

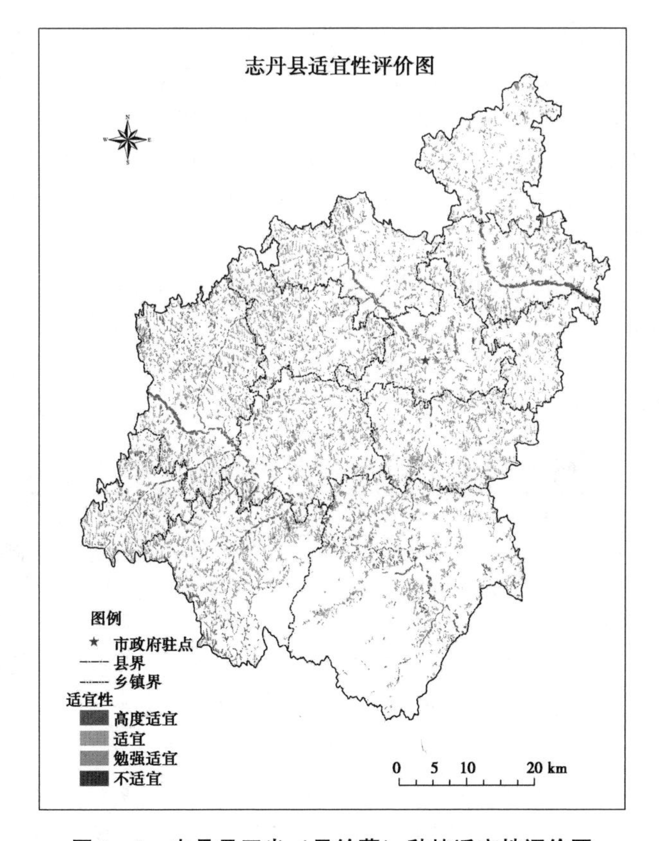

图1－3　志丹县玉米（马铃薯）种植适宜性评价图

由表1－5可以看出，高度适宜玉米（马铃薯）种植的农田有7 446.42hm²，占到了全部农田的15.09%，适宜的有19 842.17hm²，占到了区域总面积的40.20%，两者共占到耕地总面积的55.29%，主要位于志丹县河谷阶地上，是志丹县耕地的主体；勉强适宜玉米（马铃薯）种植的耕地有18 514.71hm^2，占总面积的37.51%；不适宜耕作的面积有3 551.66 hm^2，占耕地面积的7.20%，各种适宜性耕地在各县都有分布。

各乡镇的玉米（马铃薯）适宜性情况见表1－6。由表可以看出，高度适宜玉米（马铃薯）种植的耕地主要位于永宁镇、义正镇、金丁镇，耕地面积均在1 000hm^{2}以上，占高度适宜耕地的比例分别为18.95%、17.83%、14.20%；杏河镇、顺宁镇的玉米（马铃薯）高度适宜性耕地占高度适宜性总面积的10%以上，面积分别为957.53hm^{2}和761.69hm^2，比例分别为12.86%和10.23%；高度适宜性在纸坊社区分布最少，面积仅为57.38hm^2，占高度适宜总面积的0.77%。志丹县适宜种植玉米（马铃薯）的耕地主要分布在永宁镇和义正镇，耕地面积分别为3 190.31hm^{2}和3 037.61hm^2，分别占适宜性耕地总面积的16.07%和15.31%；除侯市社区外，各乡镇的适宜种植面积占适宜总面积的比例均在6%以上；勉强适宜玉米（马铃薯）种植的耕地主要分布在金丁镇，面积为3 433.94hm^2，占该类耕地的18.55%，其次是旦八镇、纸坊社区，面积分别为2 495.55hm^2、2 154.13hm^2，比例分别为13.47%、11.63%；金丁镇有较大面积的不适宜玉米（马铃薯）种植的耕地，面积为799.56hm^2，占该类面积的22.51%，其次是永宁镇、旦八镇、纸坊社区，面积分别为510.82hm^2、437.67hm^2、422.13hm^2，分别占该类面积的14.37%、12.32%、11.89%；张渠社区的该类耕地面积最少。

表1－6　志丹县各乡镇玉米（马铃薯）适宜性等级分布统计

乡镇	高度适宜		适宜		勉强适宜		不适宜	
	面积（hm^2）	比例（%）	面积（hm^2）	比例（%）	面积（hm^2）	比例（%）	面积（hm^2）	比例（%）
张渠社区	273.96	3.68	1 376.86	6.94	659.23	3.56	39.47	1.11
杏河镇	957.53	12.86	1 214.23	6.12	1 463.67	7.91	205.49	5.79
顺宁镇	761.69	10.23	1 638.73	8.26	988.36	5.34	114.83	3.23
侯市社区	198.32	2.66	651.88	3.29	642.51	3.47	89.05	2.51
保安镇	394.09	5.29	1 234.46	6.22	1 161.71	6.27	198.03	5.58
纸坊社区	57.38	0.77	1 318.80	6.65	2 154.13	11.63	422.13	11.89
双河乡	358.34	4.81	1 629.61	8.21	1 704.39	9.21	208.75	5.88
金丁镇	1 057.04	14.20	1 650.95	8.32	3 433.94	18.55	799.56	22.51

（续表）

乡镇	高度适宜		适宜		勉强适宜		不适宜	
	面积（hm^2）	比例（%）	面积（hm^2）	比例（%）	面积（hm^2）	比例（%）	面积（hm^2）	比例（%）
旦八镇	319.88	4.30	1 650.27	8.32	2 495.55	13.47	437.67	12.32
永宁镇	1 411.07	18.95	3 190.31	16.07	1 362.29	7.36	510.82	14.37
义正镇	1 327.77	17.83	3 037.61	15.31	1 289.88	6.97	221.11	6.23
吴堡社区	329.35	4.42	1 248.46	6.29	1 159.05	6.26	304.75	8.58

（二）各等级耕地利用

1. 高度适宜

在全县，此类耕地面积有7 446.42hm²，占总耕地面积的15.09%，主要都分布在河谷阶地上。该类型耕地海拔平均为1 389.20m，平均坡度8.13°。土壤类型以黄土性土中的坡黄绵土为主，还有少部分潮土和黑垆土。土壤养分含量较丰富，无明显缺素现象（表1－7）。此外，土壤质地良好，耕层深厚。

对于此类耕地，应当切实加强保护，尽量避免建设用地等占用此类耕地，同时注意做好养地，合理调整化肥使用量和投入比，防止土壤退化。

表1－7　高度适宜耕地土壤性质统计

适宜性	海拔（m）	坡度（°）	有效磷（mg/kg）	速效钾（mg/kg）	碱解氮（mg/kg）	有机质（g/kg）	全氮（g/kg）
高度适宜	1 389.20	8.13	9.96	133.58	30.04	7.47	0.452

2. 适宜

全县此类耕地数量较多，分布也较为广泛，每个乡镇均有存在（表1－8）。其主要集中在黄土高原丘陵区上，一般分布在高度适宜地周边地区，面积19 842.17hm²，占总耕地面积的40.20%，土壤质地较好，以轻壤为主，本类耕地地势起伏增大，平均坡度14.47°，另外，部分耕地没有灌溉条件。对于此类耕地应当积极实施秸秆还田，增施有机肥，提高土壤有机质含量，改良土壤质地和结构；合理调整复合肥养分配比，提高土壤碱解氮和有效磷的含量，改善土壤养分结构；还需不断完善农田基础设施建设，提高灌溉排涝能力，消除农业生产中的不利因素。

表 1-8 适宜耕地土壤性质统计

适宜性	海拔（m）	坡度（°）	有效磷（mg/kg）	速效钾（mg/kg）	碱解氮（mg/kg）	有机质（g/kg）	全氮（g/kg）
适宜	1 471.73	14.47	9.87	130.90	29.42	7.33	0.442

3. 勉强适宜

全县各乡镇均有不同面积的此类耕地分布（表 1-9），主要分布在黄土高原丘陵区，总面积 18 514.71hm^2，占耕地总面积的 37.51%。其影响玉米（马铃薯）种植的不利因素表现在：灌溉设施缺乏，基本上都不具备灌溉条件；地势起伏较大，耕地平均坡度 19.78°，水土流失已成为制约其生产力而不可忽视的重要因素之一。对于此类耕地应需大力修建基础设施，改善灌溉条件，提高土壤保墒能力；积极发展梯田耕作，减少水土流失；增施有机肥，并通过合理轮作，改善土壤质地结构。

表 1-9 勉强适宜耕地土壤性质统计

适宜性	海拔（m）	坡度（°）	有效磷（mg/kg）	速效钾（mg/kg）	碱解氮（mg/kg）	有机质（g/kg）	全氮（g/kg）
勉强适宜	1 460.95	19.78	9.72	128.27	28.53	7.11	0.429

4. 不适宜

志丹县此类耕地相对不多（表 1-10），有 3 551.66 hm^2，占耕地的 7.20%，主要分布黄土高原丘陵区，土壤质地为轻壤和黏土，土壤结构以团块状和棱柱状为主，这些坡地较陡，平均坡度 25.29°，无灌溉条件，改良此类耕地难度较大；此类耕地可因地制宜的发展药材、果品等经济作物，增加经济效益，坡度大的耕地，还需退耕还林还草，恢复生态，改善环境。

表 1-10 不适宜耕地土壤性质统计

适宜性	海拔（m）	坡度（°）	有效磷（mg/kg）	速效钾（mg/kg）	碱解氮（mg/kg）	有机质（g/kg）	全氮（g/kg）
不适宜	1 437.22	25.29	9.72	128.59	28.13	7.0	0.422

（三）建议

针对志丹县耕地的实际情况，通过以上分析，建议如下。

（1）对于高度适宜的耕地，要保护高产、稳产田，在保证其地力不降低的情况下合理利用。

（2）对于适宜和勉强适宜的耕地来讲，需要一定的资金、物质和技术投入，克服土地限制因素，如加大农田基础设施建设，增施有机肥，改善土壤养分结构，提高土壤保水保肥的能力等。

（3）对于不适宜等级耕地，要对坡度大的耕地及其他因素限制而不再适宜种植的以防止水土流失，保护生态环境为主；为此，还可考虑种植适宜的药材、豆类，苹果等经济作物，尤其是发展山地苹果，经济效果较好。

第二章　志丹县耕地土壤速效养分丰缺度分析

一、研究意义

随着农业生产水平的提高和化肥施用量的增大，推广平衡施肥技术，确定化肥的经济合理用量，使各种营养元素的供应均衡合理，减少过量施肥所造成的浪费和对环境的不良影响，提高作物产量和品质，从而达到增产增收节支的目的，这对提高我国农业生产水平极为重要。

但是对于较大区域（例如，县域范围），如何有效地做到平衡施肥，首先面临的一个问题就是土壤现状中各种营养元素的丰缺程度。只有解决了这个问题，并对当前土壤养分有了全面而详细的了解后，才能根据不同作物的需求，结合当地实际情况，制订出较为合理的施肥方案和恰当的化肥施用量。

我国农业部门在20世纪80年代完成的全国第二次土壤普查成果为农业生产做出了重要贡献。但时隔20余年，随着农业耕作制度的改变、轮作方式的变化、作物及品种的更新以及水土流失、土壤改良、施用化肥和农药等对土壤的影响，很多地区土壤的养分和质量已发生了较大变化。县域耕地地力调查与质量评价所测定的养分指标齐全，分析准确，可以很好地反映当前土壤的养分和质量的基本现状，为平衡施肥、优化农业生产布局以及农业区划等方面提供重要的参考价值。

因此，本研究在志丹县耕地地力调查与质量评价研究基础之上，通过利用项目调查与分析成果，针对不同作物，确定出土壤养分的丰缺程度，为该区平衡施肥和提高农业生产提供科学理论依据，同时对保护土壤环境与农产品安全生产具有重要的现实意义。

二、调查方法与丰缺指标体系的建立

（一）土壤调查与取样

1. 收集资料

首先，准备包括野外取样所需的GPS定位仪、不锈钢锹、钢卷尺、剖面尺、土袋、标签以及调查记录本等工具；其次，成立了野外调查组，每个组配备熟悉的野外采样技术人员，保证识土、识图的准确性。为确保取样质量，专门成立检查组，由技术组组长带队进行现场检查和巡回指导，保证外业调查取样的质量和精度。

2. 技术培训

为保证调查方法和标准的统一，在野外调查采样前组织外业调查人员进行技术培训，针对野外调查内容、方法、需要注意事项等进行详细讲解，并编写外业调查附件资料，配发给各调查组，包括《野外调查取样方法和要求》《耕地土壤类型对照表》《大田样点基本情况调查表》和《农户调查表》等资料。

3. 调查与取样

首先根据工作底图确定取样点位，结合地形图，到实地确定采样地块，若图上标注点位不具典型性，可通过实地调查与走访，另选典型点位，并在底图上标明准确位置。其次取样点位确定后，利用 GPS 定位仪确定经纬度，并与取样地块的农户和当地技术人员进行座谈，按取样点调查表格要求，详细填写农户、样田面积、种植制度，近三年的平均产量、作物品种，生产管理和投入产出等内容，并通过实地调查，填写土壤结构、剖面构成、成土母质、灌溉方式、水源保障等农田基础信息。

为避免施肥影响，取样时期确定在作物收获前后，用竹铲和不锈钢土钻等工具采样，每一土样选取有代表性的田块，采用“S”法均匀随机采取 15 个点混匀后用四分法留取 1kg 土样装袋以备分析。取样深度为 0 ~ 20cm 土层。

4. 资料整理与统计

对所取土壤样品进行系统整理，由外业组和分析组人员逐一核对，准确无误后，填写《耕地地力调查农化分析样品登记表》交由化验室处理。对每张调查表格中的每项调查内容逐一录入管理信息数据库。

5. 土样分析

将野外采集回来的土样进一步处理，根据耕地地力评价的有关规程，进行室内土壤的化学分析，严格遵守相关化学分析手册的步骤，以保证试验精度与测试数据的可靠性。

（二）土壤养分丰缺指标体系确定

按照农业部发布的《测土配方施肥技术规范》的要求，2008—2009 年志丹县进行了平衡施肥田间试验，在“3414”方案大田试验基础上，结合大量的土壤养分分析结果，初步制定出玉米、马铃薯的土壤养分丰缺指标；

并对这两种作物的氮、磷、钾肥效试验进行回归分析，拟制出肥料效应方程，确定最高产量施肥量和最佳施肥量，进行对比示范试验。

三、研究结果与分析

（一）耕地地力调查

此次耕地地力调查与评价工作，共化验分析土样3 049个，测定了土壤的基本肥力指标有机质、全氮、碱解氮、有效磷和速效钾，其变幅与平均含量见表2－1。

表2－1　志丹县耕地养分含量情况

项目	有机质（g/kg）	全氮（g/kg）	碱解氮（mg/kg）	有效磷（mg/kg）	速效钾（mg/kg）
变幅	5.7～9.6	0.35～0.60	23.70～36.50	7.6～12.3	88～181
平均含量	7.23	0.44	29.04	9.81	130.04

1. 耕地有机质

全县耕地耕层有机质最低值和最高值分别是分别是5.7g/kg和9.6g/kg，耕层有机质平均含量为7.23g/kg。志丹县耕地表层土壤有机质含量处于中偏下水平，没有超过10g/kg的区域；有机质主要集中在6～8g/kg，面积有43 284.08hm^2，占总耕地面积87.70%；其次含量主要处于8～10g/kg范围内，面积有5 512.32 hm^2，占11.17%；含量在6g/kg以下的面积为558.56hm^2，占1.13%。各土壤类型的有机质含量较为相近，黑垆土的有机质含量相对较高，变幅为6.9～8.4g/kg，平均含量为7.7g/kg；其次是潮土，有机质平均含量分别为7.38g/kg；黄土性土有机质含量变幅较大，最小含量为5.7g/kg，最大为9.6g/kg，平均值为7.24g/kg。

2. 耕地氮素

志丹县耕地土壤的全氮含量平均为0.44g/kg，变幅0.35～0.60g/kg。各土类的全氮含量差异不大，但以水稻土的全氮含量最低，平均0.40g/kg，相对含量较高的是黑垆土，平均含量为0.47g/kg，其他土类全氮含量变化差异更小，黄土性土、灰褐土、红土、淤土、紫色土、潮土和草甸土的全氮含量平均值依次为0.44g/kg、0.44g/kg、0.42g/kg、0.43g/kg、0.42g/kg、0.45g/kg和0.41g/kg。

耕地土壤的碱解氮含量变幅较小，平均含量29.04mg/kg，最高含量有36.50mg/kg，最低为23.70mg/kg。含量主要集中在25～35mg/kg，其中

25～30mg/kg 的面积为 33 879.44 hm^2，占所有耕地面积的 68.64%；30～35mg/kg 的面积为 14 143.26hm^2，占总耕地面积的 28.66%；碱解氮含量高于 35mg/kg 的面积约 967.71 hm^2，占总耕地面积的 1.96%，其中 0.74% 分布在 25mg/kg 以下。各土类间的碱解氮含量略有差异，差异不明显。黑垆土的碱解氮含量最高，平均含量为 30.15mg/kg，其次是潮土，平均含量为 30.07mg/kg。水稻土的碱解氮含量最低，平均含量为 28.20mg/kg。黄土性土和灰褐土的碱解氮含量差异相对最大，最大值和最小值间分别相差 12.50mg/kg 和 12.70mg/kg，碱解氮平均含量为 28.96mg/kg 和 29.61mg/kg，除灰褐、黑垆土、潮土的碱解氮含量大于 29mg/kg 外，其余土类碱解氮含量均在 28～29mg/kg。

3. 耕地磷素

土壤有效磷含量都很低，平均含量为 9.81mg/kg，最高含量 12.3mg/kg，最低为 7.6mg/kg。66.99% 的耕层土壤有效磷含量为 8～10mg/kg，耕地面积为 33 063.64hm^2，32.14% 的有效磷含量在 10～12mg/kg，耕地面积为 15 862.54hm^2，小于 8mg/kg 和大于 12mg/kg 分别占了 0.18% 和 0.69%，耕地面积分别为 89.15hm^2 和 339.63hm^2。水稻土有效磷含量最高，平均值为 10.30mg/kg。黑垆土有效磷含量较低，平均值为 9.18mg/kg，土壤类型的有效磷含量平均值差异都不大，主要集中在 9.7～10.0mg/kg。黄土性土的有效磷含量变化最大，有效磷含量介于 7.6mg/kg 和 12.3mg/kg，平均含量为 9.83mg/kg。水稻土分布在 10～12mg/kg，草甸土分布在 8～10mg/kg。此外，除黄土性土和灰褐土在各个分级间均有分布外，其余土类仅在 8～10mg/kg 和 10～12mg/kg 分布。黄土性土在 8～10mg/kg 的耕地面积为 27 643.53mg/kg，占耕地面积的 67.50%，在 10～12mg/kg 的耕地面积为 13 051.05mg/kg，占耕地面积的 31.87%；在小于 8 和大于 12 仅有 0.20% 和 0.43% 的分布；灰褐土在 8～10mg/kg 的耕地面积为 4 083.29mg/kg，占耕地面积的 65.45%，在 10～12mg/kg 的耕地面积为 1 984.88mg/kg，占耕地面积的 31.82%。

4. 耕地钾素

志丹县耕地土壤的速效钾含量平均为 130.04mg/kg，最高 181mg/kg，最少为 88mg/kg。速效钾含量在 100～130mg/kg 的耕地面积最多，耕地面积为 26 185.08hm^2，占总耕地面积的 53.05%；45.11% 的耕地土壤速效钾含量介于 130～170mg/kg，耕地面积为 22 261.74hm^2，另有少量土壤速效钾含量高于 170mg/kg，仅有 349.62hm^2，土壤速效钾含量低于 100mg/kg 的耕地占总耕地面积的1.13%。各土类间的速效钾的平均含量以紫色土最低，含量为118.14mg/kg，水稻土速效钾含量相对较高，为152.0mg/kg。黄土性土的速效钾含量变幅最大，最低值含量为88.0mg/kg，最高含量可达181.0mg/kg，平均含量为130.05mg/kg。各土类速效钾含量主要分布在100~170mg/kg，黄土性土、灰褐土、淤土、潮土有大于170mg/kg的速效钾分布，分别占土类的0.56%、0.20%、13.26%、1.89%；小于100mg/kg的耕地面积占对应土类面积的比例为：黄土性土1.08%，灰褐土1.52%，淤土2.86%，紫色土0.54%；在100~130mg/kg的速效钾含量的耕地面积占相应土类面积的比例为：黑垆土75.47%、黄土性土52.94%、灰褐土58.39%、红土31.55%、淤土33.93、紫色土74.15、潮土54.41%；在130~170mg/kg的速效钾含量的耕地面积占相应土类面积的比例为：黑垆土24.53%、黄土性土45.42%、灰褐土39.89%、红土68.45%、淤土49.95%、紫色土25.31%、潮土43.70%；水稻土和草甸土只在130~170mg/kg分布。

（二）马铃薯、玉米土壤丰缺程度调查

志丹县通过对2008—2009年度马铃薯、玉米的田间肥效试验资料和采集的田间土壤农化样品测试结果分析与整理，按照“极高、高、中、低、极低”5个等级，制定出志丹县马铃薯和玉米的土壤养分丰缺指标，见表2-2。

表2-2　土壤养分丰缺指标

作物品种	丰缺等级	相对产量	碱解氮（mg/kg）	有效磷（mg/kg）	速效钾（mg/kg）
马铃薯	极高	>95	>55	>25	>140
	高	85~95	40~55	20~25	110~140
	中等	75~85	25~40	10~20	80~110
	低	55~75	15~25	5~10	50~80
	极低	<55	<15	<5	<50
玉米	极高	>95	>55	>25	>120
	高	85~95	40~55	20~25	90~120
	中等	75~85	25~40	10~20	60~90
	低	55~75	15~25	5~10	30~60
	极低	<55	<15	<5	<30

由于作物不同，土壤养分的丰缺含义有较大差异，针对志丹县的马铃薯、玉米，在耕地地力调查以及田间试验基础上，依据土壤养分丰缺指标进行丰缺度分析。马铃薯、玉米的土壤养分丰缺面积统计见表2-3和表2-4。

表 2－3　马铃薯土壤养分丰缺面积统计

丰缺等级	面积	碱解氮（mg/kg）	有效磷（mg/kg）	速效钾（mg/kg）
极低	面积（hm^2）	—	—	—
	面积占比（%）	—	—	—
低	面积（hm^2）	414.95	32 024.85	—
	面积占比（%）	0.84	64.89	—
中	面积（hm^2）	48 940.01	17 330.11	4 624.32
	面积占比（%）	99.16	35.11	9.37
高	面积（hm^2）		—	31 508.12
	面积占比（%）	—	—	63.84
极高	面积（hm^2）	—	—	13 222.52
	面积占比（%）	—	—	26.79

表 2－4　玉米土壤养分丰缺面积统计

丰缺等级	面积	碱解氮（mg/kg）	有效磷（mg/kg）	速效钾（mg/kg）
极低	面积（hm^2）	—	—	—
	面积占比（%）	—	—	—
低	面积（hm^2）	414.95	32 024.85	—
	面积占比（%）	0.84	64.89	—
中	面积（hm^2）	48 940.01	17 330.11	47.49
	面积占比（%）	99.16	35.11	0.10
高	面积（hm^2）		—	16 118.56
	面积占比（%）	—	—	32.66
极高	面积（hm^2）	—	—	33 188.91
	面积占比（%）	—	—	67.24

1. 土壤碱解氮丰缺情况

根据马铃薯地土壤养分丰缺指标，当土壤碱解氮含量大于25mg/kg时，可满足志丹县马铃薯生长的基本需求（玉米和马铃薯对碱解氮的需求基本一致）。

根据马铃薯地土壤养分丰缺指标，志丹县土壤碱解氮低于25mg/kg的耕地分布很少，面积为414.95hm^2，占全县耕地的0.84%，除了侯市社区、纸坊社区、双河乡、义正镇外，其余乡镇都有少量的分布，以金丁镇和旦八镇分布最多，这些耕地的土壤的碱解氮含量处于低等水平，不能完全满足马铃薯（玉米）的正常生长需要。另外，土壤碱解氮含量在25～40mg/kg的耕地共有48 940.01hm^2，占到耕地总面积的99.16%，全县各乡镇均有分布，该级别碱解氮含量对于马铃薯的生长而言属于中等水平，基本上能满足马铃薯的正常生长。全县耕地碱解氮含量无高于 40mg/kg 和低于 15mg/kg 的地区，不存在高等、极高和极低的丰缺等级。因此志丹县绝大多数耕地的土壤碱解氮可以满足马铃薯生长的基本需求，但对于较低水平地区，还是应该进行适当的培肥，提高其碱解氮的含量。其丰缺分布情况见图 2－1。

图 2－1　志丹县土壤碱解氮丰缺状况

2. 土壤有效磷丰缺情况

根据马铃薯地土壤养分丰缺指标，当土壤有效磷含量大于 10mg/kg 时，可满足志丹县马铃薯生长的基本需求（玉米和马铃薯对有效磷的需求基本一致）。

对于马铃薯而言，志丹县耕地的土壤有效磷含量水平中等偏低。当土壤有效磷含量低于 5mg/kg 时，磷素表现为极缺乏类型。全县无低于 5mg/kg 的耕地面积存在。有效磷含量介于 5～10mg/kg 的耕地面积为 32 024.85 hm^2，占全县总耕地面积的 64.89%，对于马铃薯而言，土壤有效磷含量处于低等水平，这一等级的有效磷还不能满足马铃薯（玉米）的正常生长。

该级含量在各个乡镇均有分布，其中，杏河镇、义正镇、旦八镇、永宁镇、金丁镇、张渠社区分布最广。土壤有效磷含量在 10 ~ 20mg/kg 的面积约 17 330.11hm^2，占到总面积的 35.11%，基本能够满足马铃薯（玉米）正常生长的需求。吴堡社区、顺宁镇、永宁镇、保安镇该级耕地的面积较广。志丹县不存在有效磷大于 20mg/kg 的地区。因此，志丹县土壤的有效磷大体上还不能满足马铃薯的基本生长，需进行适当培肥，提高土壤有效磷含量，其土壤有效磷相对于马铃薯的丰缺程度见图 2 – 2。

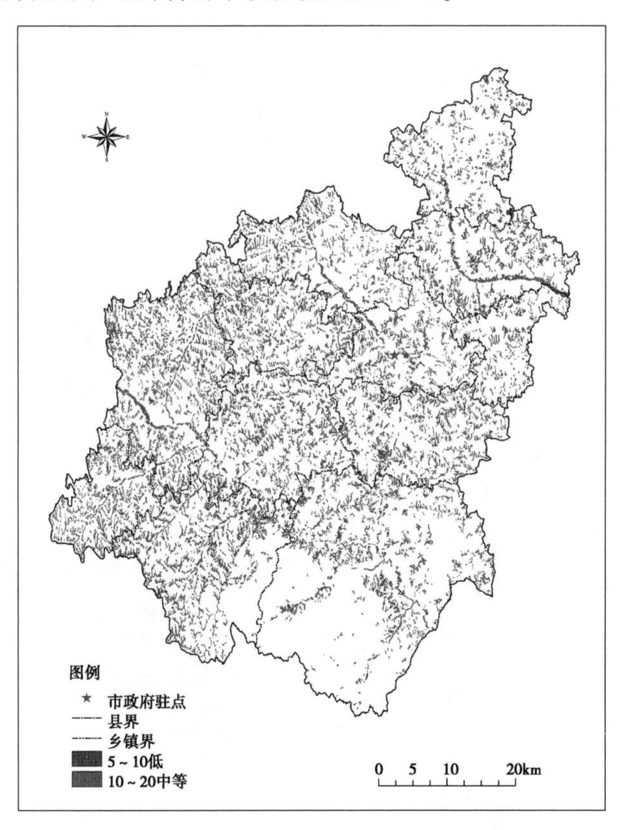

图 2 – 2　志丹县土壤有效磷丰缺状况

3. 土壤速效钾丰缺情况

（1）土壤速效钾丰缺情况（马铃薯）。根据马铃薯地土壤养分丰缺指标，当土壤速效钾大于 80mg/kg 时，可满足志丹县马铃薯生长的基本需求。

对于速效钾而言，志丹县耕地的土壤速效钾含量水平中等偏上，不存在低等和极低等的耕地。速效钾含量介于 80 ~ 110mg/kg 的耕地面积为

4 624. 32hm²，占全县耕地面积的 9. 37%，主要分布在张渠社区、杏河镇、侯市社区和旦八镇，对于马铃薯而言，土壤速效钾含量为中等，基本能够满足马铃薯的正常生长。速效钾含量介于 110 ~ 140mg/kg 的耕地面积为 31 508. 12hm²，占全县耕地面积的 63. 84%，对于马铃薯而言，土壤速效钾含量表现为高等丰缺水平，完全能够满足马铃薯的正常生长；速效钾含量大于 140mg/kg 的耕地面积为 13 222. 52hm²，占全县耕地面积的 26. 79%，土壤速效钾含量表现为极高等丰缺水平，绝对能够满足马铃薯的生长需求。该等级的耕地主要分布在保安镇、顺宁镇、吴堡社区、永宁镇、金丁镇。总体上讲，志丹县土壤速效钾能够满足马铃薯生产需求，而且部分区域含量相对较高。土壤速效钾相对于马铃薯的丰缺程度见图 2 -3。

图 2 -3　志丹县土壤速效钾丰缺状况（马铃薯）

（2）土壤速效钾丰缺情况（玉米）。根据玉米地土壤养分丰缺指标，当土壤速效钾大于 60mg/kg 时，可满足志丹县玉米生长的基本需求。

对于速效钾而言，志丹县耕地的土壤速效钾含量水平中等偏上，不存在低等和极低等的耕地。速效钾含量介于 60 ~ 80mg/kg 的耕地，仅在旦八镇有少量的分布，面积为 47.49hm²，占其耕地面积的 0.10%，该地区的速效钾含量等级为中等，基本能满足玉米的正常生长。速效钾含量介于 90 ~ 120mg/kg 的耕地面积为 16 118.56hm²，占全县耕地面积的 32.66%，对于玉米而言，土壤速效钾含量为高等，完全能够满足玉米的正常生长。该等级耕地在各乡镇均有分布，主要分布在义正镇、旦八镇和杏河镇、张渠社区和侯市社区。速效钾含量大于 140mg/kg 的耕地面积为 33 188.91hm²，占全县耕地面积的 67.25%，对于玉米而言，土壤速效钾含量表现为极高等丰缺水平，绝对能够满足玉米的生长需求，这个等级的耕地在志丹县分布最广。从总体上讲，志丹县土壤速效钾能够满足玉米生产需求，并且大部分区域含量相对较高。土壤速效钾相对于马铃薯的丰缺程度见图 2 - 4。

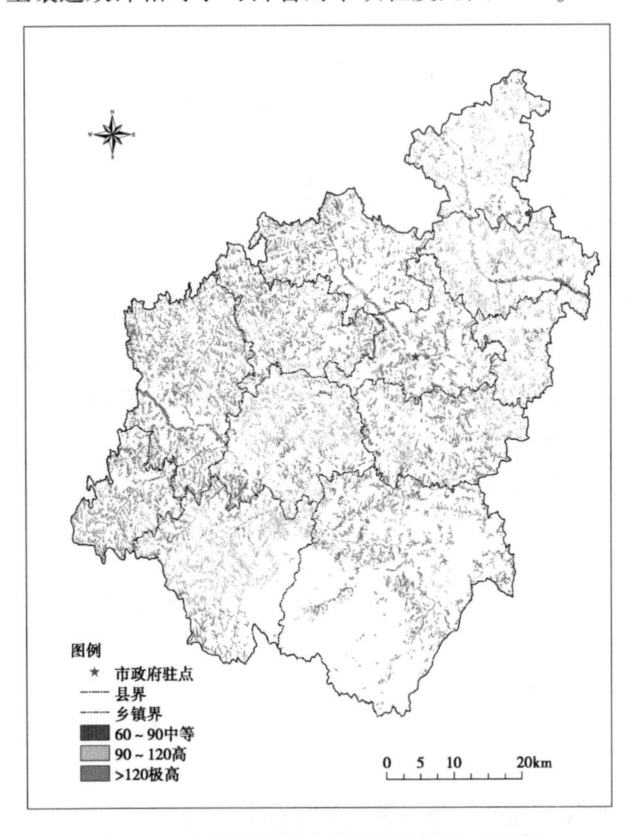

图 2 - 4　志丹县土壤速效钾丰缺状况（玉米）

（三）结果分析

通过对志丹县耕地土壤的养分丰缺状况进行调查与分析可知，志丹县土壤速效钾对于马铃薯和玉米的生产而言相对充足，可以满足作物生长需要，在今后农业生产过程中，可以少施甚至在钾素丰富区域不施。对于志丹县土壤的有效磷而言，有 64.89% 的土壤有效磷含量较低，中等含量的占 35.11%，因此大部分耕地有效磷土壤养分不能满足作物的生长需求。碱解氮含量对于马铃薯和玉米有小部分处于低丰度，大部分处于中等，中等含量占 99.16%，基本可以满足作物的生长需求。

因此，对志丹县的耕地，应合理增施氮、磷肥，注意改善土壤结构，提高土壤抗旱保肥和供肥能力。在利用上建立合理的轮作套种制度等措施，进一步提高土壤氮磷水平。

四、对策与建议

通过对本次耕地地力调查与丰缺程度的研究，可较系统地掌握土壤耕地的地力状况及存在问题。在今后工作中应采取一些相应对策和措施，使合理施肥广泛应用于农业生产中，从而提高农产品产量，改善品质，减少浪费，防止污染，促进农业生产的可持续发展。

（一）提高人员素质，普及平衡施肥的观念

人员素质首先包括农业技术人员自身素质，使他们系统掌握平衡施肥专业技术知识。但重点是广大农民的科学技术素质，因为农民是农业生产的具体执行者，其科学技术素质的高低可直接影响施肥的效果，因此当前首要任务是对农民的宣传和技术培训，做到全民皆知合理施肥的益处。

（二）广辟有机肥源，增施有机肥

有机肥缓急相济，长短结合，能有效提高耕地有机质含量，改善土壤理化性状，因此增施有机肥是合理施肥的基础和前提。农家肥料（如土粪）肥效长而慢，宜作底肥施入，尤其在干旱低温地区应注意早施。

（三）利用本次调查成果，全面推广平衡施肥技术

应积极利用本次调查成果，研究开发不同区域、不同作物的专用复合肥，将技术和成果转化到产品中，从而解决以往农民施肥盲目、配方难等问题。从而做到因土、因作物施肥，使平衡合理施肥真正应用到农业生产中去。

（四）加强技术储备，为平衡施肥提供最新信息

耕地养分是动态变化的，因此施肥也应随之调整。为了更好地开展合理施肥，在今后工作中，必须加强技术储备，以满足农业生产的发展，主要包括提高化验人员素质，改善实验室设备条件，强化测土技术的先进性和及时性，建立全县土壤养分动态数据库。在此基础上，加强配方施肥试验网点，详尽了解各种土壤的肥效反映，扩大信息收集和运用等领域的基础性工作。

附　录

附录一　陕西省志丹县耕地地力评价工作报告

一、目的意义

耕地是农业生产最基本的资源，耕地地力的好坏直接影响到农业生产的发展。随着我国经济社会快速发展，耕地面积与质量变化对粮食安全构成了严峻挑战，受到社会各界的日益关注。为贯彻落实《基本农田保护条例》中赋予农业部门耕地质量保护的职责，为查清耕地质量，加强对耕地的保护，指导农业结构调整，促进优势农产品生产向优势区域集中，确保有限的耕地资源可持续利用，志丹县农技中心在陕西省土壤肥料工作站的指导下，依托西北农林科技大学资源环境学院地理信息与遥感科学系技术力量，开展了志丹县耕地地力评价工作。此次耕地地力评价是利用测土配方施肥数据，在对有关图件和属性数据收集整理的基础上，建立测土配方施肥数据库和县域耕地资源信息管理系统，对耕地地力进行评价，摸清耕地地力状况，逐步建立和完善耕地质量动态监测与预警体系，对于因地制宜地利用志丹县耕地资源进行农业生产，提高资源利用效率，推进农业结构调整，降低农业生产成本，指导科学施肥，提升耕地质量具有重要意义。

二、工作组织

（一）成立机构，加强领导

耕地地力评价工作涉及面广，技术性强，工作量大，志丹县充分认识到该项工作的重要性、艰巨性，切实加强了组织领导。为了保障此项工作的顺利开展，县政府成立了由主管县长徐步亮为组长，县农业局、国土资源局、水利局、民政局、统计局、气象局等主要领导为成员的志丹县耕地地力评价工作领导小组，领导小组下设办公室，由农业技术推广中心主任马岩同志兼任办公室主任。地力评价实施单位县农技中心成立了耕地地力评价工作技术组，组长由农技中心高级农艺师马岩同志担任，农艺师苗志尼同志任副组长，6 名同志为技术组成员。同时，邀请西北农林科技大学常庆瑞教授、同延安教授、吕家珑教授、刘京老师、省土肥站李思训研究员和徐文华研究员、延安市土肥技术专家高级农艺师韩向东、志丹县土肥专业技术人员农艺师祁云、徐玉萍等组成耕地地力评价专家组，指导志丹县耕地地力评价工作。

（二）明确职责，分工协作

耕地地力评价工作领导小组负责耕地地力评价工作的协调和安排，各成员单位积极提供各自专业的相关图件、资料，通力配合，共同促进耕地地力评价工作的开展；领导小组办公室负责耕地地力评价工作任务的督办，质量和进度的检查；技术组负责制订工作方案，野外采样调查，土样分析化验，资料的收集、整理和审核，测土配方施肥数据库的建立，在技术依托单位的帮助下建立县域耕地资源管理信息系统，完成耕地地力评价工作报告、技术报告和专题评价报告的编写等工作；专家组对土壤分类、评价指标选定、地力评价技术流程等进行指导和检查。

按照农业部的要求与本省实际，在省土肥站的指导下，确定了西北农林科技大学资源环境学院为耕地地力评价的技术依托单位，为耕地地力评价工作提供技术支持。

（三）规范技术，严格管理

县农技中心严格按照农业部《测土配方施肥技术规范》的要求，开展相关工作的组织实施，加强项目数据质量控制，建立了规范的测土配方施肥数据库和县域土壤资源空间数据库、属性数据库，与西北农林科技大学资源环境学院签订了合作协议，由其为志丹县进行图件数字化处理，建立县域耕地资源管理信息系统，开展耕地地力评价。

三、主要工作成果

（一）完成的文字成果

（1）志丹县耕地地力评价技术报告。

（2）志丹县耕地地力评价工作报告。

（3）志丹县耕地地力评价专题报告。

（二）完成的数字化成果

（1）完成了志丹县2009年土地利用现状图的数字化工作。

（2）完成了志丹县耕地地力调查的采样工作及样点分布图制作。

（3）完成了土壤养分图的制作，如：土壤有机质等级图、土壤碱解氮等级图、土壤速效钾等级图、土壤有效磷等级图等。

（三）地力评价

（1）完成了志丹县耕地地力评价工作并制作了耕地地力评价等级图。

（2）完成了志丹县玉米（马铃薯）适宜性评价并制作了相关图件。

（四）软件成果

（1）志丹县耕地地力空间数据库。

（2）志丹县耕地地力属性数据库。

（3）志丹县耕地资源管理信息系统。

四、主要作法与经验

（一）主要作法

1. 准备工作，即做好技术和人员方面的准备

（1）技术培训。为保证调查方法和标准的统一，在野外调查采样前将全县按乡镇分为若干个调查组，每个调查组由两名专业技术人员组成，以保证识土、识图的准确性。组织所有外业调查人员进行技术培训，针对野外调查内容、方法、需注意事项等进行详细讲解和现场演示，并编写外业调查附件资料，配发给各调查组，内容包括《野外调查取样方法和要求》《耕地土壤类型对照表》《采样点基本情况调查表》和《农户施肥调查表》等资料。

（2）收集资料。首先，收集全国第二次土壤普查图件、资料，对志丹县主要土壤类型、分布区域、肥力状况进行全面了解，按照“全面性、均衡性、客观性、可比性”的原则，在行政区划图上进行室内布点；其次，准备了包括野外取样所需的 GPS 定位仪、不锈钢锹（土钻）、钢卷尺、剖面尺、土袋、标签以及调查记录本等仪器或工具。最后，在相关部门收集图件资料，如《志丹县土地利用现状图》《志丹县土壤图》《志丹县农业生产基本情况》《志丹县气象资料》《志丹县农作物播种面积》等。

（3）调查与取样。首先，根据采样点位图确定的取样点位到实地落实采样地块，若图上标注点位在当地不具典型性，通过实地调查与走访，另选典型点位，并在底图上标明准确位置。其次，取样点位确定后，利用 GPS 定位仪确定经纬度及海拔，并与取样地块的农户和当地技术人员进行座谈，按取样点调查表格要求，详细填写农户、样田面积、种植制度，近三年的平均产量、作物品种，生产管理和投入产出等内容，并通过实地调查，填写土壤结构、剖面构成、成土母质、灌溉方式、水源保障等农田基础信息。最后，为避免施肥的影响，取样时期确定在作物收获后，用不锈钢土钻等工具采样，每一土样选取有代表性的田块，采用“S”法均匀随机采取，取样深度 0～20cm 土层，混匀后用四分法留取 1kg 土样装袋以备分析。

为确保取样质量，专门成立检查组，由技术组组长带队进行现场检查和

巡回指导，保证外业调查取样的质量和精度。

（4）土样分析。对所采土样应用中国农业科学院“土壤养分分析数据采集与推荐施肥系统”对进行实验室编号，土样保存既整齐美观又方便查询，按照《测土配方施肥技术规范》及耕地地力评价的有关规程，进行室内土壤的化学分析，与国家标准土样参比，以保证试验精度与测试数据的可靠性。

（5）资料整理与统计。对所有资料进行系统整理和分类登记，由确定的数据库管理人员和各采样组负责人逐一核对，将每张调查表格中的内容全部录入“测土配方施肥数据汇总系统”，建立规范的测土配方施肥属性数据库。

2. 评价工作

按照农业部统一规范，耕地地力评价工作的技术流程如图1所示。

（1）准备图件资料及数据库的建立。根据耕地地力评价的相关要求及规程，搜集相关的图件资料，主要包括1∶5万土地利用现状图、1∶5万土壤图、行政区划图、1∶5万地形图等，备案后将其与土壤测试数据送交技术依托单位，并进行图件数字化、建立空间数据库及属性数据库。图件主要是利用 Arcgis 9.3 进行数字化、图形编辑及属性编辑。

（2）评价指标体系的建立。耕地地力评价实质是评价地形、土壤理化性状等自然要素对农作物生长限制程度的强弱。因此，选取评价指标时遵循以下几个方面的原则：一是选取的指标对耕地地力有较大的影响；二是选取的指标在评价区域内的变异较大，便于划等定级；三是选取的评价指标在时间序列上具有相对的稳定性，评价结果能够有较长的时效期；四是选取评价指标与评价区域的大小有密切关系。根据上述原则，聘请省、市、县农业方面的10余位专家组成专家组，在全国耕地地力评价指标体系框架下，选择适合当地并对耕地地力影响较大的指标作为评价因素。通过投票统计，确定立地条件、土壤性质、肥力状况、土壤管理4个项目12个因素作为志丹县耕地地力的评价指标如表1所示。

表1　耕地地力的评价指标体系

	指标1	指标2	指标3	指标4
立地条件	坡度	坡向	地貌类型	
肥力状况	有机质	有效磷	速效钾	碱解氮
土壤性质	土壤质地	土壤结构	土体构型	
土壤管理	灌溉能力	农田基础设施		

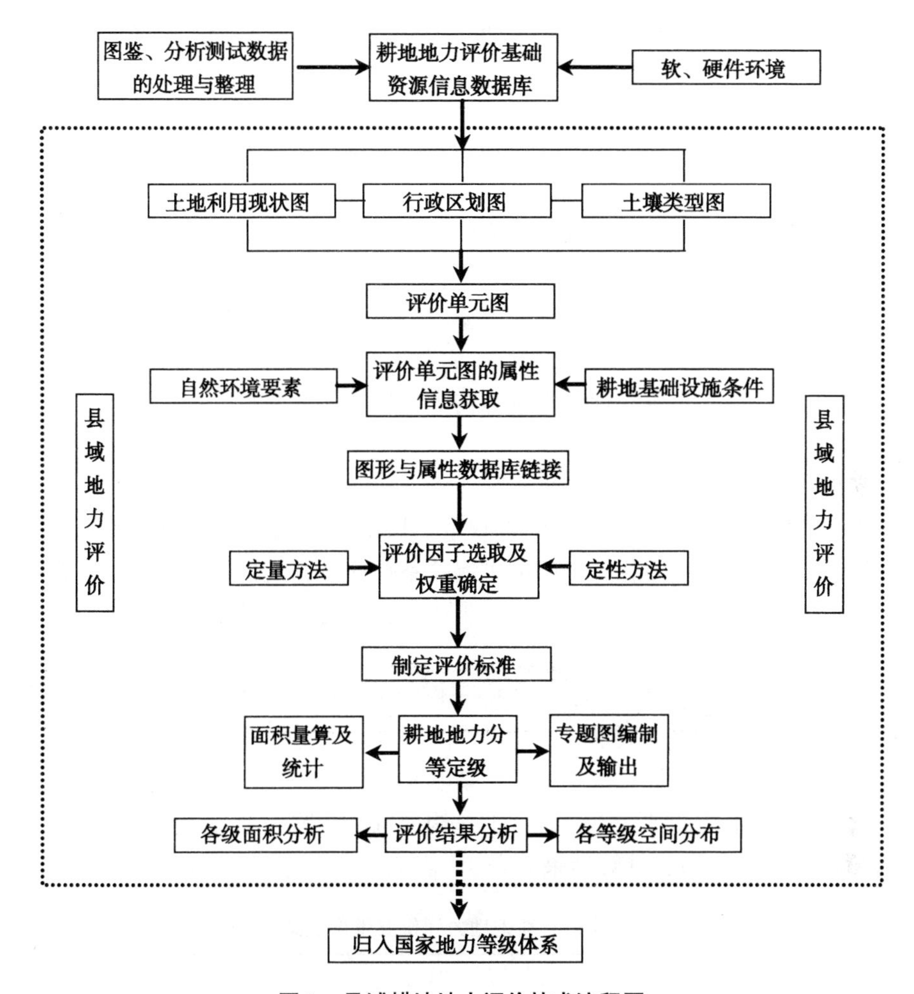

图1　县域耕地地力评价技术流程图

（3）评价单元的划分。耕地地力评价单元是具有专门特征的耕地单元，在评价系统中是用于制图的区域，在生产上用于实际的农事管理，是耕地地力评价最基本单位。评价单元划分的合理与否直接关系到评价结果的准确性。本次耕地地力评价采用土壤图、土地利用现状图、行政区划图叠加形成的图斑作为评价单元。土壤图划分到土种，土地利用现状图划分到二级利用类型，行政区划图划分到村，同一评价单元的土种类型、利用方式及行政归属一致，不同评价单元之内既有差异性，又有可比性。

（4）评价单元属性数据的获取。基本评价单元图的每个图斑都必须有参与评价指标的属性数据。根据不同类型数据的特点，评价单元获取数据的途径不同，分为以下几种途径。

①土壤有机质、有效磷、速效钾和碱解氮。均由点位图利用空间插值法，生成栅格图，与评价单元图叠加并进行区域分析，使评价单元获取相应的属性数据。

②坡度。先由地面高程模型生成栅格图，再与评价单元叠加后采用分区统计的方法为评价单元赋值。

③地貌类型。由矢量化的地貌类型图与评价单元图叠加，为每个评价单元赋值。

④土体构型、土壤质地、土壤结构等指标的属性数据。利用以点代面的方法将其赋值给评价单元。

（5）评价方法。

① 利用层次分析法计算单因素权重。层次分析法的基本原理是把复杂问题中的各个因素按照相互之间的隶属关系排成从高到低的若干层次，根据一定客观现实的判断就同一层次相对重要性相互比较的结果，决定该层次各元素重要性先后次序。

在本次耕地地力评价中，把 12 个评价因素按相互之间的隶属关系排成从高到低的 3 个层次（表 2），A 层为耕地地力，B 层为相对共性的因素，C 层为各单项因素。根据层次结构图，请专家组就同一层次对上一层次的相对重要性给出数量化的评估，经统计汇总构成判断矩阵，通过矩阵求得各因素的权重（特征向量），计算结果见表 3 ~ 表 7。

表 2　志丹县耕地地力评价要素层次结构

目标层（A）	状态层（B）	指标层（C）
耕地地力	立地条件	坡度
		坡向
		地貌类型
	土壤性质	土壤质地
		土壤结构
		土体构型
	土壤肥力	有机质
		碱解氮
		有效磷
		速效钾
	土壤管理	灌溉能力
		农田基础设施

表3　B层判断矩阵

A	B_1	B_2	B_3	B_4	权重 W_i
立地条件（B_1）	1	2	3	3	0.4547
土壤性质（B_2）	0.5	1	2	2	0.2630
肥力状况（B_3）	0.3333	0.5	1	1	0.1411
土壤管理（B_4）	0.3333	0.5	1	1	0.1411

表4　C层判断矩阵（立地条件）

B	C_1	C_2	C_3	W_i
地貌类型（C_1）	1	1	3	0.4286
坡度（C_2）	1	1	3	0.4286
坡向（C_3）	0.3333	0.3333	1	0.1429

表5　C层判断矩阵（土壤性质）

B	C_4	C_5	C_6	W_i
土壤质地（C_4）	1	2	2	0.5000
土壤结构（C_5）	0.5	1	1	0.2500
土体构型（C_6）	0.5	1	1	0.2500

表6　C层判断矩阵（肥力状况）

B	C_7	C_8	C_9	C_{10}	权重（W_i）
有机质（C_7）	1	2	3	3	0.4547
碱解氮（C_8）	0.5	1	2	2	0.2630
有效磷（C_9）	0.3333	0.5	1	1	0.1411
速效钾（C_{10}）	0.3333	0.5	1	1	0.1411

表7　C层判断矩阵（土壤管理）

B	C_{11}	C_{12}	权重（W_i）
灌溉能力（C_{11}）	1	3	0.7500
农田基本设施（C_{12}）	0.3333	1	0.2500

经过一致性检验，以上矩阵的CR值都小于0.1，通过检验。结果表明，以上判断矩阵的权重分配是合理的。

各评价因素的组合权重$=B_jC_i$，B_j为B层中判断矩阵的特征向量，$j=1$，

2，3，3；C_i为C层判断矩阵的特征向量，$i=1$，2，…，12。各评价因素的组合权重计算结果见表8。

表8　评价因素组合权重计算结果

目标层A		耕地地力				组合权重 $\sum B_iC_j$
准则层B		B_1	B_2	B_3	B_4	
		0.4547	0.2630	0.1411	0.1411	
立地条件B_1	地貌类型（C_1）	0.4286				0.1949
	坡度（C_2）	0.4286				0.1949
	坡向（C_3）	0.1429				0.0650
土壤性质B_2	土壤质地（C_4）		0.5000			0.1315
	土壤结构（C_5）		0.2500			0.0658
	土体构型（C_6）		0.2500			0.0658
肥力状况B_3	有机质（C_7）			0.4547		0.0642
	碱解氮（C_8）			0.2630		0.0371
	有效磷（C_9）			0.1411		0.0199
	速效钾（C_{10}）			0.1411		0.0199
土壤管理B_4	灌溉能力（C_{11}）				0.7500	0.1059
	农田基本设施（C_{12}）				0.2500	0.0353

②利用模糊评价法进行单因素隶属度的计算。邀请了西北农林科技大学及省、市、县土壤肥料等方面的专家10余人，组成专家组，由专家组对各评价指标与耕地地力的隶属度进行评估，给出相应的评估值，并确定相应的隶属函数。通过对专家们的评估值进行统计，作为拟合函数的原始数据。数量型指标的专家评估值及隶属度函数如表9、表10所示。

表9　数量型评价因素专家评估值

评价因素	项目	专家评估值				
有机质（g/kg）	指标	14	10	8	6	5
	评估值	1	0.9	0.6	0.3	0.2
有效磷（mg/kg）	指标	15	12	10	8	5
	评估值	1	0.9	0.6	0.3	0.2
速效钾（mg/kg）	指标	200	170	130	100	80
	评估值	1	0.9	0.6	0.3	0.2
碱解氮（mg/kg）	指标	40	35	30	25	20
	评估值	1	0.9	0.6	0.3	0.2
坡度（°）	指标	3	–	15	25	30
	评估值	1	0.9	0.6	0.3	0.2

表 10　评价因素类型及其隶属函数

函数类型	项目	隶属函数	a	c	u_1	u_2
戒上型	有机质	$Y=1/[1+a\times(u-c)^2]$	0.041181	12.489812	0	12.489812
戒上型	有效磷	$Y=1/[1+a\times(u-c)^2]$	0.048948	13.917209	0	38.311818
戒上型	速效钾	$Y=1/[1+a\times(u-c)^2]$	0.000250	189.504186	0	13.917209
戒上型	碱解氮	$Y=1/[1+a\times(u-c)^2]$	0.011111	38.311818	0	189.504186
负直线型	坡度	$Y=1.073462-a\times u$	0.030053	35.718963	2.45	35.718963

根据专家给出的评估值与对应评价因素的指标值，分别应用戒上型函数模型和直线型函数模型进行回归拟合，建立回归函数模型，并经拟合检验达显著水平者用以进行隶属度的计算。12 项评价因素中 5 项为数量型指标，可以应用模型进行模拟计算，有 7 项指标为概念型指标，由专家根据各评价指标与耕地地力的相关性，通过经验直接给出隶属度（表 11）。

表 11　非数量型评价因素隶属度专家评估值

评价因素	项目	专家评估值							
地貌类型	指标	河谷阶地		黄土丘陵					
	评估值	1		0.6					
土壤结构	指标	团粒	团块	核状	块状	棱柱状	粒状		
	评估值	1	0.9	0.8	0.7	0.5	0.4		
土壤质地	指标	中壤	中偏轻	轻壤	黏壤	沙壤	黏土		
	评估值	1	0.85	0.7	0.6	0.5	0.4		
土体构型	指标	A-P-B-C		A-B-C	A-BC-C		A-C	AC-C	C
	评估值	1		0.95	0.9		0.7	0.5	0.4
坡向	指标	平地	南	东、西南	东、西	西、东北		北	
	评估值	1	1	0.85	0.7	0.55		0.4	
灌溉能力	指标	能灌		能灌	无灌				
	评估值	1		0.8	0.3				
农田基设施	指标	水浇地		配套	基本配套				
	评估值	1		0.8	0.6				

（6）计算评价耕地地力的综合指数的方法及评价结果

①计算评价耕地地力的综合指数的方法

利用加法模型计算耕地地力综合指数（IFI），公式如下：

$$IFI=\sum F_i\times C_i \qquad (i=1, 2, 3, \cdots, n)$$

式中，IFI——（Integrated Fertility Index）耕地地力指数；

F_i——第 i 个因素的评价评语；

C_i——第 i 个因素的组合权重。

应用耕地资源管理信息系统中的模块计算，得出耕地地力综合指数 *IFI*，最大值为 0.892669，最小值为 0.388364。

②评价结果

用样点数与耕地地力综合指数制累积频率曲线图，根据样点分布频率，分别用耕地地力综合指数将志丹县耕地分为五级（分级标准见表 12）。用累积曲线的拐点处作为每一等级的起始分值。

表 12　综合指数 *IFI* 分级标准

一级	二级	三级	四级	五级
$IFI > 0.70$	$0.65 < IFI \leqslant 0.70$	$0.60 < IFI \leqslant 0.65$	$0.55 < IFI \leqslant 0.60$	$IFI \leqslant 0.55$

全县总耕地面积 49 354.96hm²，占总土地面积的 12.99%，其中一级地 4 260.65hm²，占耕地面积的 8.63%，二级地 4 843.41hm²，占 9.81%，三级地 22 812.98hm²，占 46.22%，四级地 15 661.29hm²，占 31.73%，五级地 1 776.63hm²，占 3.61%。

（二）工作经验

1. 坚强的组织领导是耕地地力评价的有力保障

第二次土壤普查至今已有近 30 多年，志丹县的耕地面积、耕作制度、产量水平、肥料用量均发生了巨大的变化。发展现代农业，推进社会主义新农村建设对耕地质量提出了更高的要求，迫切需要在开展测土配方施肥过程中，有计划、有步骤地进行耕地地力调查与评价，摸清耕地地力状况，评价土质及宜种作物或林木，分析耕地承载能力，提出土、肥、水资源合理配置方案和改良利用措施，建立和完善耕地质量动态监测与预警体系，构建科学施肥长效机制，促进粮食安全和农业结构调整。耕地地力评价工作涉及部门多，资料要求高，只有相关部门统一思想认识，切实加强领导，积极配合支持，才能确保高质量地完成耕地地力评价工作。

2. 明确的分工协作是耕地地力评价得以开展的基础

为确保工作有序推进，按时完成，须明确任务，落实责任，分工负责。省土肥站负责地力评价的组织协调，方案审定和计划安排，开展培训与技术指导，指导和帮助建立县级评价指标体系、隶属函数、图件数字化、土壤分类系统整理等难点工作，评价报告撰写和审定等工作。志丹县农技中心土肥站主要是收集整理包括第二次土壤普查在内的资料并建库，建立统一规范的测土配方施肥数据库，开展野外补充调查，撰写报告和组织成果应用等；技术依托单位西北农林科技大学资源与环境学院帮助完成图件数字化，建立耕地资源信息系统等。

3. 耕地地力评价离不开有效地组织

耕地地力评价工作技术性很强，为提高工作人员的技术水平，省土肥站多次组织召开全省培训会，志丹县土肥站积极参加省上会议，为工作顺利开展打下了基础。同时省技术专家组成员加强对志丹县的技术指导，帮助技术人员掌握建立县域耕地资源管理信息系统的方法，不断提高基层技术水平。

4. 严格规范科学管理是耕地地力评价的核心

志丹县专门制定了《耕地地力评价实施方案》，明确工作目标；农业部、省土肥站先后发文，就此项工作做了要求和安排；志丹县和技术依托单位签订了合作协议，实行合同管理；项目经费严格按照耕地地力评价规程执行，做到专款专用，最大提高资金利用效率；对野外调查、化验分析、数据录入等技术环节严格检查，做好数据的质量控制，为耕地地力评价的准确度打好基础。

五、资金使用分析

2009 年项目实施以来，耕地地力调查与评价工作共使用项目资金 59.9 万元。其中建立测土配方施肥数据库 6.2 万元，主要用于数据及图件资料的收集管理、测土配方施肥数据的审核、录入占 9.3%；野外调查及交通补助费 4.78 万元，占 7.9%；制定养分丰缺指标 1.5 万元，占 2.5%；确定耕地地力评价指标、评价因子权重，专家评审费 3 万元，占 5%，土样采集及分析化验费用 24.89 万元，占 41.5%；测土配方施肥技术研讨及技术培训费 3.35 万元，占 5.6%，图件数字化 3 万元，占 5%，评价成果汇总编辑 4 万元，占 6.7%；成果资料编印费用 2 万元，占 6.3%；专家咨询及活动费 3 万元，占 6.7%；项目验收及评审费 2 万元，占 3.3%；项目管理费用 2 万元，占 3.3%

六、存在问题与建议

（一）存在问题

1. 资料收集困难，现实性差

虽然志丹县成立了以主管副县长为组长，县农业局、国土资源局、水利局、民政局、统计局、气象局的主要领导为成员的工作领导小组，但一些资料如电子版的行政区划图、土地利用现状图，分区域气象数据等仍然难以收集，并且收集到的部分资料现实性不强，影响评价工作进度及精度。

2. 参与耕地地力评价的土样测试项目和数量有差距

《规范》要求：参与耕地地力评价的土样必测项目有 pH 值、有机质、全氮、有效磷、缓效钾、速效钾、有效硫、铜、铁、锰、锌、硼等 12 项，选测项目 18 项，还要开展植株样品测试。因受仪器设备、人员素质和时间限制，很难全面完成化验任务。

3. 基层技术力量薄弱

测土配方施肥和地力评价工作中都应用了大量的新技术和新手段，比如数据库软件和 GIS 平台软件、模糊评价理论、空间数据库建立的方法、图件的数字化等，都是基层技术人员相对欠缺的知识。这是志丹县耕地地力评价工作中遇到的主要问题。

4. 培训工作有待于进一步加强

由于此项工作技术性很强，要求技术人员必须掌握计算机知识、制图技术、地理信息及土肥专业知识，所以应加强技术培训，提高工作人员的技术水平，为以后工作顺利开展和系统应用奠定基础。

（二）建议

（1）针对资料收集问题，建议上级业务部门与相关单位协商，将相关现实性较强的资料（包括相关图件、统计资料和其他相关数据）统一收集，建立省（部）级资料数据库，将会加快地力评价的进度，提高地力评价的精度。

（2）引进相关的专业技术人员，加强基层技术力量，提升县级技术水平。

（3）耕地地力评价工作是测土配方施肥项目一项重要内容，加之其专业技术要求高，工作繁重，希望能进一步加大资金的支持力度，保证耕地地力评价的顺利完成。

附录二　陕西省志丹县土壤养分丰缺指标及推荐施肥指标体系制定总结报告

前　　言

一、对总结报告的几点说明

（一）土壤养分丰缺指标制定的原则

1. 以当地农业主导产业为着眼点

志丹县的主要粮食作物为马铃薯和玉米，因此，根据该地区的种植制度与种植特色，应建立相应上述农作物的土壤养分丰缺指标。

2. 兼顾高产优质和保护环境的目标

20 世纪 80 年代的测土配方施肥工作为我国农业的发展做出了历史性的贡献，主要是通过调节化肥的使用大幅度地提高了农作物产量。然而，新一轮的测土配方施肥的目标已经不仅仅是提高粮食产量了，而是向优质高产、资源高效、环境保护和提高耕地质量等综合目标转变。

3. 为保证农产品高产优质，通盘考虑大、中、微量元素

作物生长所需的营养元素除了以氮、磷、钾大量元素外，还需要大量的中、微量营养元素。因此，在制定土壤养分丰缺指标时，我们不仅需要制定氮、磷、钾丰缺指标，还应该制定影响该作物生长的主要中、微量元素（例如：钙、镁、硫、铁、锰、铜、锌、硼、钼等）的丰缺指标，为推荐施肥提供基础，从而更好地来保证农产品品质。

4. 指标制定应以“3414”试验作为基础，并需要根据实际情况对指标进行修正

土壤养分丰缺指标的制定，应该以“3414”大田试验作为基础，使得到的指标有依有据，具有说服力。然而，由于受到工作量和工作条件的限制，试验点数往往不足，得到的结果不是很理想，因此还要在试验的基础上

结合研究区域土壤养分状况和生产实践经验以及他人的文献资料对指标做出校正。同时，由于部分养分丰缺临界值是通过回归方程外推得到的，没有任何实际意义，因此需要对指标进行调整。

5. 指标应实用简单

指标体系以实用为原则，等级以 3～5 级为宜；在确定各等级临界值时，也以简单好记，易于在农民中间推广为原则。具体做法是，为符合中国的计数习惯，将得到的临界值一律校正为“5”的倍数。

（二）存在的几个问题

1. 试验可用数据偏少

志丹县自 2009 年开展测土配方施肥工作以来，全县共布置了 50 个“3414”试验点，其中马铃薯 23 个，玉米 27 个。对数据进行分析，发现缺素区相对产量和土壤养分测定值之间没有明显的相关关系，因此采用去除不合理点数的方法，提高相对产量与土壤养分测定值之间的相关性。最终能够用于马铃薯地土壤氮、磷、钾养分丰缺指标制定的试验点分别为 10 个、11 个和 9 个点；玉米地土壤氮、磷、钾养分丰缺指标制定的试验点分别为 9 个、12 个和 14 个点。总体来讲，试验可用的点数偏少，不能很好地表现出缺素区相对产量与土壤养分测定结果之间的动态特征。

2. 试验所选地块肥力水平比较集中，不能代表该县的肥力状况

马铃薯试验地所选地块缺氮区相对产量介于 58.2%～65.2%，缺磷区相对产量介于 74.9%～82.6%，缺钾区相对产量介于 80.7%～86.2%；玉米试验地所选地块缺氮区相对产量介于 60.3%～71.7%，缺磷区相对产量介于 75.4%～81.8%，缺钾区相对产量介于 81.0%～97.6%。也就是说所有试验点没有将高、中和低肥力土壤均有分布。根据现有的“3414”试验数据只能确定部分土壤氮、磷、钾丰缺指标临界值。根据大田试验的特点和土壤养分丰缺指标的制定要求，在某一较大的生态区域的某一土壤类型上，在 2～3 年的研究周期内，对某一特定作物，至少布置 20～30 个中、高、低肥力土壤上均有分布的“3414”试验点，这样才能得到较好的结果。

二、土壤养分丰缺指标体系摘要

（一）志丹县马铃薯地土壤氮、磷、钾养分丰缺指标（表1）

表1　马铃薯地土壤养分丰缺指标汇总

丰缺等级	相对产量（%）	碱解氮（mg/kg）	有效磷（mg/kg）	速效钾（mg/kg）
极高	>95	>55	>25	>140
高	85~95	40~55	20~25	110~140
中等	75~85	25~40	10~20	80~110
低	55~75	15~25	5~10	50~80
极低	<55	<15	<5	<50

（二）志丹县玉米地土壤氮、磷、钾养分丰缺指标（表2）

表2　玉米地土壤养分丰缺指标汇总

丰缺等级	相对产量（%）	碱解氮（mg/kg）	有效磷（mg/kg）	速效钾（mg/kg）
极高	>95	>55	>25	>120
高	85~95	40~55	20~25	90~120
中等	75~85	25~40	10~20	60~90
低	55~75	15~25	5~10	30~60
极低	<55	<15	<5	<30

三、推荐施肥指标体系摘要

（一）马铃薯推荐施肥指标

每生产100kg马铃薯需吸收氮（N）、磷（P_2O_5）、钾（K_2O）养分量分别为0.5kg、0.2kg、1.0kg。马铃薯以基肥为主，追肥为辅。基肥以有机肥为主，一般亩施优质有机肥2 000~3 000kg。早熟品种在苗期追肥为宜，中晚熟品种以现蕾前追施较好。氮肥总量的2/3作基肥，1/3作追肥，开花后不能追施氮肥。磷肥全部做基肥。钾肥总量的70%~80%作基肥，20%~30%作追肥。

1. 水地马铃薯推荐施肥指标（表3～表5）

表3　志丹县水地马铃薯不同目标产量下的氮肥推荐用量

肥力等级	土壤碱解氮（mg/kg）	目标产量（kg/亩）			
		1 500～2 000	2 000～2 500	2 500～3 000	3 000～4 000
高/极高	>90	7～9	9～11	11～13	13～16
中等	60～90	8～10	10～13	13～15	15～20
低/极低	<60	9～12	12～15	15～18	18～24

表4　志丹县水地马铃薯不同目标产量下的磷肥推荐用量

肥力等级	土壤有效磷（mg/kg）	目标产量（kg/亩）			
		1 500～2 000	2 000～2 500	2 500～3 000	3 000～4 000
高	>25	2～3	3～4	4～5	5～6
中等	15～25	3～4	4～5	5～6	6～8
低	<15	5～6	6～8	8～10	10～12

表5　志丹县水地马铃薯不同目标产量下的钾肥推荐用量

肥力等级	土壤速效钾（mg/kg）	目标产量（kg/亩）			
		1 500～2 000	2 000～2 500	2 500～3 000	3 000～4 000
高	>150	8～10	10～13	13～15	15～20
中等	100～150	11～15	15～19	19～23	23～20
低	<100	15～20	20～25	25～30	30～35

2. 旱地马铃薯推荐施肥指标（表6～表8）

表6　志丹县旱地马铃薯不同目标产量下的氮肥推荐用量

肥力等级	土壤碱解氮（mg/kg）	目标产量（kg/亩）		
		500～1 000	1 000～1 500	1 500～2 000
高/极高	>90	2～4	4～6	6～8
中等	60～90	3～5	5～8	8～10
低/极低	<60	4～6	6～9	9～12

表 7　志丹县旱地马铃薯不同目标产量下的磷肥推荐用量

肥力等级	土壤有效磷（mg/kg）	目标产量（kg/亩）		
		500～1 000	1 000～1 500	1 500～2 000
高	>25	1	1～2	2～3
中等	15～25	1～2	2～3	3～4
低	<15	2～3	3～5	5～6

表 8　志丹县旱地马铃薯不同目标产量下的钾肥推荐用量

肥力等级	土壤速效钾（mg/kg）	目标产量（kg/亩）		
		500～1 000	1 000～1 500	1 500～2 000
高	>150	3～5	5～8	8～10
中等	100～150	4～8	8～11	11～15
低	<100	5～10	10～15	15～20

（二）玉米推荐施肥指标

每生产 100 kg 玉米需吸收氮（N）、磷（P_2O_5）、钾（K_2O）养分量分别为 2. 2kg、0. 85kg、2. 4kg。春玉米氮肥基追肥比例水地推荐为 4∶6，旱地推荐 5∶5。磷钾肥全部作为基肥施用。基施锌肥 1～2kg。

1. 水地春玉米推荐施肥指标（表 9～表 11）

表 9　志丹县水地玉米不同目标产量下的氮肥推荐用量

肥力等级	土壤碱解氮（mg/kg）	目标产量（kg/亩）		
		700～800	800～900	900～1 000
高/极高	>90	15～18	18～20	20～22
中等	60～90	18～21	21～24	24～26
低/极低	<60	22～25	25～28	28～30

表 10　志丹县水地玉米不同目标产量下的磷肥推荐用量

肥力等级	土壤有效磷（mg/kg）	目标产量（kg/亩）		
		700～800	800～900	900～1 000
极高	>30	0	0	0
高	25～30	3～4	4～5	5～6

（续表）

肥力等级	土壤有效磷（mg/kg）	目标产量（kg/亩）		
		700 ~ 800	800 ~ 900	900 ~ 1 000
中等	15 ~ 25	6 ~ 7	7 ~ 8	8 ~ 9
低	10 ~ 15	9 ~ 10	10 ~ 11	11 ~ 12
极低	< 10	12 ~ 14	14 ~ 15	15 ~ 17

表 11　志丹县水地玉米不同目标产量下的钾肥推荐用量

肥力等级	土壤速效钾（mg/kg）	目标产量（kg/亩）		
		700 ~ 800	800 ~ 900	900 ~ 1 000
极高	> 200	0	0	0
高	150 ~ 200	8 ~ 10	10 ~ 11	11 ~ 12
中等	100 ~ 150	17 ~ 19	19 ~ 22	22 ~ 24
低	50 ~ 100	25 ~ 29	29 ~ 32	32 ~ 36
极低	< 50	34 ~ 38	38 ~ 43	43 ~ 48

2. 旱地春玉米推荐施肥指标（表 12 ~ 表 14）

表 12　志丹县旱地玉米不同目标产量下的氮肥推荐用量

肥力等级	土壤碱解氮（mg/kg）	目标产量（kg/亩）		
		400 ~ 500	500 ~ 600	600 ~ 700
高/极高	> 90	9 ~ 11	11 ~ 13	13 ~ 15
中等	60 ~ 90	11 ~ 13	13 ~ 16	16 ~ 18
低/极低	< 60	12 ~ 15	15 ~ 18	18 ~ 22

表 13　志丹县旱地玉米不同目标产量下的磷肥推荐用量

肥力等级	土壤有效磷（mg/kg）	目标产量（kg/亩）		
		400 ~ 500	500 ~ 600	600 ~ 700
极高	> 30	0	0	0
高	25 ~ 30	2 ~ 3	3 ~ 4	4 ~ 5
中等	15 ~ 25	3 ~ 4	4 ~ 5	5 ~ 6
低	10 ~ 15	4 ~ 5	6 ~ 7	7 ~ 9
极低	< 10	6 ~ 8	8 ~ 10	10 ~ 12

表 14　志丹县旱地玉米不同目标产量下的钾肥推荐用量

肥力等级	土壤速效钾（mg/kg）	目标产量（kg/亩）		
		400～500	500～600	600～700
极高	>200	0	0	0
高	150～200	5～6	6～8	8～9
中等	100～150	10～12	12～15	15～17
低	50～100	15～18	18～22	22～25
极低	<50	20～24	24～30	30～34

陕西省志丹县土壤养分丰缺指标及推荐施肥指标体系制定总结报告

测土配方施肥项目是新时期国家一项支农惠农的技术性补贴项目，该项目于2005年启动，由中央财政拨款用于支持县级土肥技术推广机构开展测土配方施肥工作，免费为农民提供测土配方施肥技术服务，指导农民科学施用化肥。自项目实施以来，国家对陕西的总投资达1.631亿元，其中2005年200万元，2006年1 100万元，2007年2 600万元，2008年4 010万元，2009年4 890万元，2010年3 510万元。这是有史以来陕西省得到国家最大的农业项目支持。陕西省志丹县作为2009年全国试点县之一，按照农业部颁发的《测土配方施肥技术规范》的要求，于2009—2011年在全县范围内开展测土配方施肥工作。

测土配方施肥技术的核心是调节和解决作物需肥与土壤供肥之间的矛盾，实现各种养分平衡供应，可以有效提高肥料利用率和减少用量，提高作物产量。土壤中养分含量水平和丰缺状况是合理施肥的依据，是作物高产、优质的基础。不同农作物产区土壤氮磷钾养分的丰缺指标是根据农作物对肥料的生物反应来确定的，主要是为志丹县土壤的肥力状况评价和制定配方肥料提供可靠依据。全国第二次土壤普查中“土壤养分丰缺指标研究”协作组建立了我国主要土壤类型、主要大田农作物的土壤养分丰缺指标和推荐施肥指标体系，这为测土结果的应用、对分析结果的校验与解释和确定施肥量等方面奠定了基础，在很大程度上推动了当时配方施肥技术的发展。但30年过去了，土壤肥力、作物品种、种植体系、产量水平等因素发生了很大变化，要更准确地进行测土配方施肥，原有的指标体系已不能适用于目前的生产条件，而全国很多地区还没有建立新的指标体系。特别是近十多年来，新的作物生产体系也不断出现，蔬菜、果树、花卉等经济作物的种植面积和重要性越来越突出，但就全国而言，尚未建立这些作物测土施肥的指标体系。而且，当前测土配方施肥目标已由以往单一的追求高产向作物高产、高效、土壤培肥、环境保护等多目标过渡。因此，开展测土配方施肥工作，必须建立或重新校验土壤养分丰缺指标，建立相应的推荐施肥指标。

一、陕西省志丹县概况

志丹县原名保安县，保安之名始于宋，宋之前无建制。从西周起，历次归属狄、匈奴、金等地。宋太宗太平兴国二年（977）置保安军，寓永保安宁之意。1269 年元降保安州为保安县。1936 年为纪念人民英雄刘志丹而命名志丹县。志丹县位于延安市西北部，是“群众领袖、民族英雄”刘志丹将军的故乡，被誉为中国革命的“红都”。

志丹县地处陕西省延安地区西北部，地理位置东经 108°11′56″～109°3′48″，北纬 36°21′33″～37°11′49″。东部和安塞县交界，西北部与吴旗、靖边县接壤，东南部和甘泉、富县毗邻，西南部和甘肃省合水、华池县相连。总面积 3 781km^2（1971 年省政府公布数字）。县城距行署延安 96km，距省府西安 500km。

全县总土地面积 3 781km^2，现辖 7 镇 1 乡，4 个社区，200 个村委会。全县总人口 14.5 万人，其中农业人口 11.2 万人，占总人口的 77.24%，人口密度为 38.3 人/km^2。全县平均海拔 1 093～1 741m，年平均气温 8.3℃，年平均降水 509mm，多集中在 7 月、8 月、9 月三个月，无霜期 142 天。地属陕北黄土高原梁峁丘陵沟壑区，地势由西北向东南倾斜，以洛河、周河、杏子河三大水系网形成 3 个自然区域，称西川、中川、东川。西川人机灵、聪慧、能干，尚武好强，自诩“中国的文化是黄河文化，黄河的文化是洛河文化，洛河的文化是金丁文化”。有金鼎寨矗立洛河边，气势雄伟古拙，曾为古战场，西川人引以为豪。志丹境内沟壑纵横，梁峁密布，山大坡陡，地广人稀。四季气候变化明显，但分配不均；干旱、冰雹、大风等气象性灾害频繁。动物资源种类很多。农作物有粮、油、菜、杂等到八大类 50 多个品种，以荞麦、谷子、糜子、山杏为特产。中药材资源丰富。矿藏有石油、煤、天然气、矿泉水等，其中石油为大宗，已探明储量为 1 亿 t。

2012 年完成粮食作物播种面积 40 万亩，占计划任务的 100%，其中，种植玉米4万亩、马铃薯15万亩、豆类15万亩、糜谷4万亩、其他作物2万亩。完成覆膜5万亩，其中玉米覆膜4万亩。并建成百亩以上集中连片玉米全膜覆盖示范点15个，总面积达3.11万亩，占省市下达任务3万亩的104%。由于适时播种，管理精细，农作物长势良好，产量高于往年。

二、主要农作物土壤养分丰缺指标的制定

（一）材料和方法

1. 试验点基本情况

全县共布置了50个“3414”试验点，其中，马铃薯23个，玉米27个。试验地土壤养分含量情况（0～20cm）见表15，其中“—”表示该项目缺失数据。

表15　试验点土壤基本养分含量情况（0～20cm）汇总表

作物类型	编号	有机质(g/kg)	碱解氮(mg/kg)	有效磷(mg/kg)	速效钾(mg/kg)
马铃薯	717500E20100326A002	7.6	31.0	12.8	103.0
	717500E20100327A002	8.3	34.0	11.9	108.0
	717500E20100327A003	6.4	28.0	10.6	106.0
	717502E20100326A002	7.2	32.0	9.8	92.0
	717504E20100327A002	7.2	30.0	9.2	127.0
	717505E20100327A002	8.0	28.0	10.2	113.0
	717505E20100327A004	7.2	29.0	10.2	115.0
	717506E20100326A002	6.7	31.0	9.1	92.0
	717507E20100326A001	7.4	31.0	9.8	108.0
	717507E20100326A003	7.1	30.0	9.8	92.0
	717500E20110327A001	6.4	28.0	10.5	109.0
	717500E20110406A002	8.1	33.0	13.4	117.0
	717502E20110331A002	8.6	34.0	9.8	85.0
	717504E20110406A002	5.3	27.0	12.5	93.0
	717505E20110403A001	7.1	29.0	10.5	115.0
	717507E20110328A002	8.6	28.0	10.3	97.0
	717507E20110328A003	7.2	26.0	9.2	95.0
	717500E20120306A002	7.2	—	9.2	89.0
	717500E20120307A002	7.3	—	9.8	98.0
	717502E20120309A002	7.5	—	9.2	87.0
	717504E20120308A002	8.3	—	9.6	96.0
	717505E20120307A002	7.2	—	10.3	98.0
	717507E20120308A003	7.6	—	8.6	90.0

（续表）

作物类型	编号	有机质（g/kg）	碱解氮（mg/kg）	有效磷（mg/kg）	速效钾（mg/kg）
	717500E20100326A001	8.3	32.0	11.8	105.0
	717500E20100327A001	9.5	40.0	12.5	124.0
	717502E20100326A001	8.3	27.0	9.2	102.0
	717504E20100327A001	7.9	25.0	6.7	87.0
	717504E20100327A003	5.3	19.0	6.2	85.0
	717505E20100327A001	8.0	27.0	11.1	115.0
	717505E20100327A003	7.1	27.0	10.2	114.0
	717506E20100326A001	6.4	29.0	9.1	94.0
	717507E20100326A002	7.3	31.0	9.3	102.0
	717500E20110328A002	7.1	30.0	11.3	99.0
	717500E20110405A001	6.6	29.0	10.3	110.0
	717502E20110326A003	7.8	29.0	8.5	87.0
	717502E20110331A001	8.2	25.0	8.4	94.0
玉米	717504E20110406A001	6.3	25.0	8.1	86.0
	717504E20110406A003	5.7	34.0	10.2	95.0
	717505E20110403A002	7.2	30.0	1.0	116.0
	717505E20110403A003	7.5	28.0	11.0	114.0
	717507E20110329A001	7.3	25.0	12.4	94.0
	717500E20120306A001	7.3	—	9.8	92.0
	717500E20120307A001	7.3	—	10.1	98.0
	717502E20120309A001	7.4	—	8.6	87.0
	717502E20120309A003	8.3	—	8.2	95.0
	717504E20120308A001	7.2	—	9.1	87.0
	717504E20120308A003	8.4	—	9.5	89.0
	717505E20120307A001	8.4	35.0	9.8	114.0
	717507E20120308A001	8.3	—	8.1	92.0
	717507E20120308A002	8.1	—	8.2	93.0

试验用马铃薯和玉米品种分别为紫花白和郑单958等当地主栽品种；试验供试肥料均为尿素（含N 46%）、过磷酸钙（含$P_2O_5$12%）和硫酸钾（含K_2O 50%）。

采用常规测定方法对土壤理化性质进行测定。有机质：油浴加热重铬酸钾氧化法；碱解氮：碱解扩散法；有效磷：碳酸氢钠浸提—钼锑抗比色法；速效钾：乙酸铵浸提—火焰光度法。

2. 试验设计

肥料效应田间试验采用“3414”完全实施设计方案（表16）。“3414”方案设计吸收了回归最优设计处理少、效率高的优点，是目前应用较为广泛的肥料效应田间试验方案。“3414”是指氮、磷、钾3个因素、4个水平、14个处理。4个水平的含义：0水平指不施肥，2水平指当地最佳施肥量，1水平=2水平×0.5，3水平=2水平×1.5（该水平为过量施肥水平）。作物收获时单收单打，分区进行考种、计产。

表16　“3414”完全实施方案

试验编号	处理	N	P_2O_5	K_2O
1	$N_0P_0K_0$	0	0	0
2	$N_0P_2K_2$	0	2	2
3	$N_1P_2K_2$	1	2	2
4	$N_2P_0K_2$	2	0	2
5	$N_2P_1K_2$	2	1	2
6	$N_2P_2K_2$	2	2	2
7	$N_2P_3K_2$	2	3	2
8	$N_2P_2K_0$	2	2	0
9	$N_2P_2K_1$	2	2	1
10	$N_2P_2K_3$	2	2	3
11	$N_3P_2K_2$	3	2	2
12	$N_1P_1K_2$	1	1	2
13	$N_1P_2K_1$	1	2	1
14	$N_2P_1K_1$	2	1	1

因各试验点基础地力水平不同，各试验点所采用的具体氮磷钾施肥量存在差异。志丹县马铃薯和玉米“3414”肥料效应田间试验的2水平施肥量统计结果见表17。

表17　“3414”试验全素处理（2水平）施肥量

作物类型	编号	2水平施肥量（kg/亩）		
		N	P_2O_5	K_2O
马铃薯	717500E20100326A002	15	11	12
	717500E20100327A002	16	10	14
	717500E20100327A003	16	10	14
	717502E20100326A002	14	11	11
	717504E20100327A002	15	11	13
	717505E20100327A002	15	11	13
	717505E20100327A004	14	10	12
	717506E20100326A002	15	11	11

（续表）

作物类型	编号	2 水平施肥量（kg/亩）		
		N	P_2O_5	K_2O
马铃薯	717507E20100326A001	15	10	13
	717507E20100326A003	16	10	14
	717500E20110327A001	20	8	5
	717500E20110406A002	19	8	5
	717502E20110331A002	19	8	5
	717504E20110406A002	19	8	5
	717505E20110403A001	14	8	9
	717507E20110328A002	20	8	5
	717507E20110328A003	20	8	5
	717500E20120306A002	14	8	5
	717500E20120307A002	16	10	7
	717502E20120309A002	14	8	9
	717504E20120308A002	14	10	5
	717505E20120307A002	15	8	9
	717507E20120308A003	14	10	7
玉米	717500E20100326A001	15	10	8
	717500E20100327A001	16	11	8
	717502E20100326A001	15	10	8
	717504E20100327A001	15	10	8
	717504E20100327A003	16	10	7
	717505E20100327A001	17	10	9
	717505E20100327A003	16	10	6
	717506E20100326A001	16	10	8
	717507E20100326A002	17	10	9
	717500E20110328A002	19	8	5
	717500E20110405A001	19	8	5
	717502E20110326A003	15	10	8
	717502E20110331A001	20	8	5
	717504E20110406A001	19	8	5
	717504E20110406A003	18	8	5
	717505E20110403A002	19	8	4
	717505E20110403A003	19	8	5
	717507E20110329A001	18	8	5
	717500E20120306A001	20	9	5
	717500E20120307A001	21	10	6
	717502E20120309A001	20	8	6
	717502E20120309A003	19	10	8
	717504E20120308A001	20	9	9
	717504E20120308A003	18	9	5
	717505E20120307A001	18	8	5
	717507E20120308A001	19	8	7
	717507E20120308A002	20	8	5

土壤养分丰缺指标制定采用“3414”试验中的5个处理来制定土壤养分丰缺指标，即：对照区（CK）、无氮区（PK）、无磷区（NK）、无钾区（NP）和氮磷钾区（NPK），分别对应“3414”完全实施方案中的处理1、2、4、8和6。

相对产量的计算：

缺素区相对产量（%）= 缺素区产量（kg/亩）/全肥区产量（kg/亩）×100

3. 数据处理

采用SAS软件和Excel软件进行数据分析。

（二）结果与分析

1. “3414”试验结果

通过所布置的“3414”大田试验，得到了不同处理下马铃薯和玉米的收获产量，见表18和表19，其中“—”表示该项目缺失数据。

表18　马铃薯“3414”试验产量结果统计表　　（kg/亩）

编号	$N_0P_0K_0$	$N_0P_2K_2$	$N_1P_2K_2$	$N_2P_0K_2$	$N_2P_1K_2$	$N_2P_2K_2$	$N_2P_3K_2$	$N_2P_2K_0$	$N_2P_2K_1$	$N_2P_2K_3$	$N_3P_2K_2$	$N_1P_1K_2$	$N_1P_2K_1$	$N_2P_1K_1$
717500E20100326A002	743	1 114	1 335	1 398	1 596	1 814	1 765	1 533	1 614	1 658	1 696	1 753	1 502	1 407
717500E20100327A002	745	1 067	1 235	1 348	1 503	1 724	1 702	1 486	1 549	1 648	1 732	1 459	1 360	1 204
717500E20100327A003	714	1 043	1 217	1 364	1 514	1 731	1 709	1 473	1 524	1 631	1 714	1 431	1 342	1 198
717502E20100326A002	842	1 159	1 327	1 435	1 612	1 836	1 794	1 563	1 627	1 689	1 727	1 496	1 421	1 286
717504E20100327A002	810	1 332	1 497	1 732	1 846	2 114	1 920	1 602	1 311	2 063	1 847	1 509	1 531	1 304
717505E20100327A002	840	1 352	1 517	1 753	1 867	2 144	1 941	1 622	1 336	2 084	1 863	1 531	1 559	1 321
717505E20100327A004	760	1 134	1 271	1 545	1 763	2 022	1 857	1 546	1 281	1 764	1 662	1 371	1 394	1 217
717506E20100326A002	845	1 346	1 521	1 746	1 852	2 176	1 963	1 657	1 368	2 031	1 876	1 541	1 572	1 333
717507E20100326A001	528	886	1 067	1 139	1 345	1 584	1 491	1 304	1 327	1 474	1 528	1 287	1 192	1 014
717507E20100326A003	745	1 067	1 235	1 348	1 503	1 724	1 702	1 486	1 544	1 648	1 732	1 459	1 360	1 204
717500E20110327A001	736	1 042	—	1 321	—	1 705	—	1 453	—	—	—	—	—	—
717500E20110406A002	824	1 296	—	1 642	—	1 987	—	1 564	—	—	—	—	—	—
717502E20110331A002	847	1 143	—	1 378	—	1 786	—	1 514	—	—	—	—	—	—
717504E20110406A002	835	1 204	—	1 396	—	1 814	—	1 496	—	—	—	—	—	—
717505E20110403A001	830	1 352	—	1 732	—	2 044	—	1 522	—	—	—	—	—	—
717507E20110328A002	836	1 314	—	1 628	—	1 974	—	1 596	—	—	—	—	—	—
717507E20110328A003	576	977	—	1 258	—	1 679	—	1 420	—	—	—	—	—	—
717500E20120306A002	784	1 164	—	1 740	—	1 965	—	1 604	—	—	—	—	—	—
717500E20120307A002	810	984	—	1 354	—	1 726	—	1 417	—	—	—	—	—	—
717502E20120309A002	796	1 206	—	1 407	—	1 864	—	1 600	—	—	—	—	—	—
717504E20120308A002	846	1 194	—	1 452	—	1 864	—	1 537	—	—	—	—	—	—
717505E20120307A002	764	1 278	—	1 684	—	1 092	—	1 525	—	—	—	—	—	—
717507E20120308A003	842	1 296	—	1 634	—	1 987	—	1 604	—	—	—	—	—	—

表 19 玉米“3414”试验产量结果统计表 （单位：kg/亩）

编号	$N_0P_0K_0$	$N_0P_2K_2$	$N_1P_2K_2$	$N_2P_0K_2$	$N_2P_1K_2$	$N_2P_2K_2$	$N_2P_3K_2$	$N_2P_2K_0$	$N_2P_2K_1$	$N_2P_2K_3$	$N_3P_2K_2$	$N_1P_1K_2$	$N_1P_2K_1$	$N_2P_1K_1$
717500E20100326A001	304	464	527	524	546	671	625	617	562	601	654	523	531	515
717500E20100327A001	308	477	504	544	578	665	606	586	598	644	614	580	519	598
717502E20100326A001	353	486	544	618	664	705	693	622	633	680	713	636	572	590
717504E20100327A001	312	467	523	608	612	712	6245	611	627	673	703	625	579	599
717504E20100327A003	307	431	558	553	603	708	661	574	618	684	699	599	572	594
717505E20100327A001	310	435	582	555	604	713	694	685	636	671	702	494	587	599
717505E20100327A003	325	452	581	575	621	729	684	597	637	709	721	602	590	612
717506E20100326A001	314	495	533	580	621	714	705	602	631	686	662	580	591	568
717507E20100326A002	307	435	582	555	604	713	694	685	636	671	702	594	597	599
717500E20110328A002	298	437	—	521	—	667	—	562	—	—	—	—	—	—
717500E20110405A001	321	437	—	554	—	704	—	587	—	—	—	—	—	—
717502E20110326A003	311	475	531	514	553	663	634	624	575	611	643	594	527	538
717502E20110331A001	316	468	—	517	—	668	—	587	—	—	—	—	—	—
717504E20110406A001	308	464	—	507	—	673	—	586	—	—	—	—	—	—
717504E20110406A003	335	442	—	574	—	687	—	597	—	—	—	—	—	—
717505E20110403A002	324	417	—	535	—	704	—	654	—	—	—	—	—	—
717505E20110403A003	314	437	—	547	—	697	—	645	—	—	—	—	—	—
717507E20110329A001	310	425	—	547	—	705	—	642	—	—	—	—	—	—
717500E20120306A001	296	414	—	547	—	689	—	563	—	—	—	—	—	—
717500E20120307A001	312	428	—	496	—	687	—	542	—	—	—	—	—	—
717502E20120309A001	304	454	—	526	—	674	—	567	—	—	—	—	—	—
717502E20120309A003	314	486	—	542	—	674	—	584	—	—	—	—	—	—
717504E20120308A001	314	457	—	512	—	684	—	576	—	—	—	—	—	—
717504E20120308A003	324	450	—	564	—	689	—	584	—	—	—	—	—	—
717505E20120307A001	331	424	—	527	—	678	—	662	—	—	—	—	—	—
717507E20120308A001	294	435	—	537	—	694	—	588	—	—	—	—	—	—
717507E20120308A002	314	442	—	543	—	704	—	564	—	—	—	—	—	—

2. 马铃薯地土壤养分丰缺指标的初步制定

马铃薯田间试验共布置了 23 点，得到碱解氮、有效磷、速效钾测定值各 23 个。对数据进行分析，发现缺素区相对产量和土壤养分测定值之间没有明显的相关关系，因此采用去除不合理点数的方法，提高相对产量与土壤养分测定值之间的相关性。去除不合理点后的土壤养分测定值与缺素区相对产量数据结果见表 20。

以试验点土壤氮、磷、钾养分测定值 X（mg/kg）为横坐标，以其相应缺素区的相对产量 Y（%）为纵坐标，绘制散点图，并添加趋势线（图 1 ~ 图 3），做出相对产量与土壤测定值之间的对数回归方程（表 21）。

表 20　马铃薯地土壤养分含量与缺素区相对产量汇总（X、Y 值表）

编号	土壤养分含量（mg/kg）			相对产量（%）		
	碱解氮	有效磷	速效钾	PK	NK	NP
717500E20100326A002	31.0		103.0	61.4		84.5
717500E20100327A002		11.9	108.0		78.2	86.2
717500E20100327A003	28.0	10.6	106.0	60.3	78.8	85.1
717502E20100326A002	32.0	9.8		63.1	78.2	
717504E20100327A002	30.0			63.0		
717505E20100327A002						
717505E20100327A004						
717506E20100326A002	31.0			61.9		
717507E20100326A001						
717507E20100326A003	30.0	9.8		61.9	78.2	
717500E20110327A001	28.0	10.5	109.0	61.1	77.5	85.2
717500E20110406A002	33.0	13.4		65.2	82.6	
717502E20110331A002	34.0	9.8		64.0	77.2	
717504E20110406A002			93.0			82.5
717505E20110403A001						
717507E20110328A002			97.0			80.9
717507E20110328A003	26.0	9.2		58.2	74.9	
717500E20120306A002						
717500E20120307A002		9.8	98.0		78.4	82.1
717502E20120309A002		9.2			75.5	
717504E20120308A002		9.6	96.0		77.9	82.5
717505E20120307A002						
717507E20120308A003			90.0			80.7

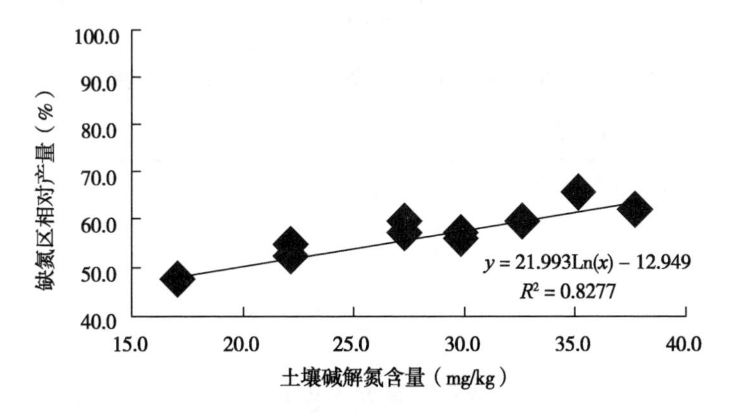

图 1　马铃薯地土壤碱解氮含量与缺 N 区相对产量的关系

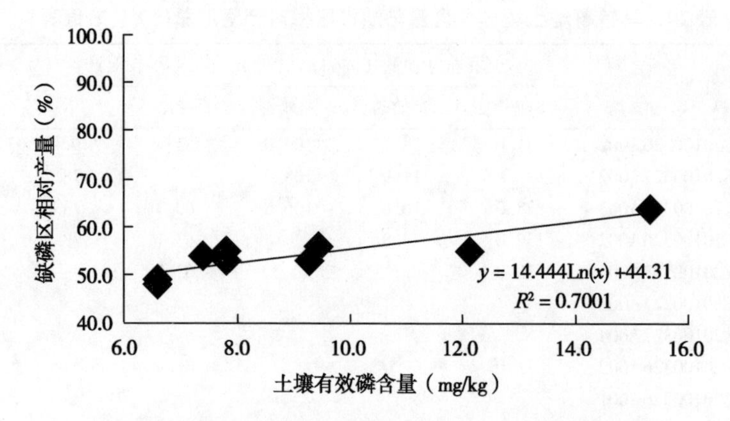

图 2　马铃薯地土壤有效磷含量与缺 P 区相对产量的关系

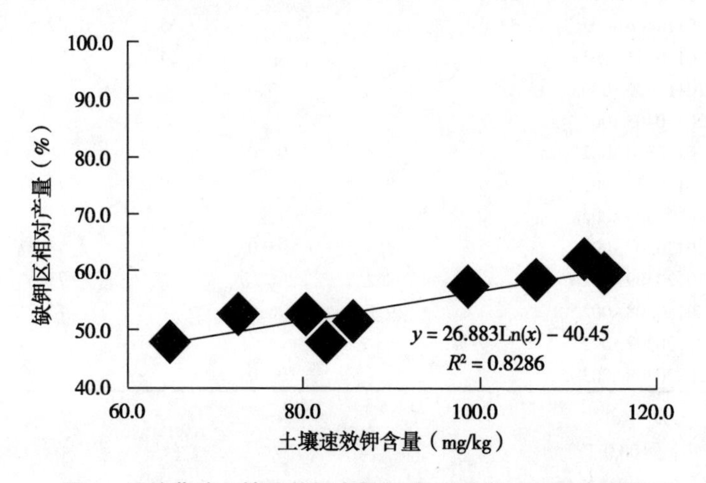

图 3　马铃薯地土壤速效钾含量与缺 K 区相对产量的关系

表 21　马铃薯地土壤养分测定值与缺素区相对产量之间的关系

测定项目	试验点数	回归方程	R^2	R
碱解氮	10	$y=21.993\text{Ln}(x)-12.949$	0.8277	0.910**
有效磷	17	$y=14.444\text{Ln}(x)+44.31$	0.7001	0.837**
速效钾	9	$y=26.883\text{Ln}(x)-40.454$	0.8286	0.910**

将拟合得到的以上三个回归方程分别进行 r 检验，结果表明，碱解氮、有效磷和速效钾含量分别与相应的缺素区相对产量均极显著相关，这说明得到的三个方程均可靠，可用于土壤养分丰缺指标的制定。

分别以相对产量55%，75%，85%和95%为临界值标准，获得土壤养分丰缺指标。将以上各临界值作为y值代入表21对数回归方程中，得出对应的土壤有效养分值，即土壤有效养分的丰缺指标值。

但从图1~3可以看出，所有试验点缺氮区、缺磷区和缺钾区相对产量分别介于58.2%~65.2%、74.9%~82.6%和80.7%~86.2%。也就是说，在本研究条件下缺氮区相对产量55%、75%、85%和95%所对应的碱解氮值、缺磷区相对产量55%、85%和95%所对应的有效磷值和缺钾区相对产量55%、75%和95%所对应的速效钾值均为模型外推值，没有实际意义，应舍去。

综上所述，根据回归方程初步制定出的志丹县马铃薯地土壤养分丰缺指标见表22。

表22　志丹县马铃薯地土壤养分丰缺指标汇总表（初定）

丰缺等级	相对产量（%）	碱解氮（mg/kg）	有效磷（mg/kg）	速效钾（mg/kg）
极高	>95	—	—	—
高	85~95	—	—	>106
中等	75~85	—	>8	<106
低	55~75	—	<8	—
极低	<55	—	—	—

3. 玉米地土壤养分丰缺指标的初步制定

玉米田间试验共布置了27点，得到碱解氮、有效磷、速效钾测定值各27个。对数据进行分析，发现缺素区相对产量和土壤养分测定值之间没有明显的相关关系，因此采用去除不合理点数的方法，提高相对产量与土壤养分测定值之间的相关性。去除不合理点后的土壤养分测定值与缺素区相对产量数据结果见表23。

以试验点土壤氮、磷、钾养分测定值X（mg/kg）为横坐标，以其相应缺素区的相对产量Y（%）为纵坐标，绘制散点图，并添加趋势线（图4~图6），做出相对产量与土壤测定值之间的对数回归方程（表24）。

表 23　玉米地土壤养分含量与缺素区相对产量汇总表（X、Y 值表）

编号	土壤养分含量（mg/kg）			相对产量（%）		
	碱解氮	有效磷	速效钾	PK	NK	NP
717500E20100326A001	32.0		105.0	69.2		92.0
717500E20100327A001	40.0	12.5		71.7	81.8	
717502E20100326A001			102.0			88.2
717504E20100327A001						
717504E20100327A003	19.0		85.0	60.9		81.0
717505E20100327A001	27.0		115.0	61.0		96.1
717505E20100327A003	27.0	10.2		62.1	78.9	
717506E20100326A001			94.0			84.3
717507E20100326A002		9.3			77.8	
717500E20110328A002	30.0			65.5		
717500E20110405A001	29.0	10.3		62.1	78.7	
717502E20110326A003		8.5			77.5	
717502E20110331A001		8.4	94.0		77.4	87.9
717504E20110406A001		8.1			75.4	
717504E20110406A003			95.0			86.9
717505E20110403A002						
717505E20110403A003	28.0	11.0		62.7	78.5	
717507E20110329A001	25.0			60.3		
717500E20120306A001		9.8	92.0		79.4	81.7
717500E20120307A001						
717502E20120309A001		8.6	87.0		78.0	84.1
717502E20120309A003			95.0			86.6
717504E20120308A001			87.0			84.2
717504E20120308A003			89.0			84.8
717505E20120307A001		9.8	114.0		77.7	97.6
717507E20120308A001			92.0			84.7
717507E20120308A002		8.2			77.1	

表 24　玉米地土壤养分测定值与缺素区相对产量之间的关系

测定项目	试验点数	回归方程	R^2	R
碱解氮	9	$y=16.669\mathrm{Ln}(x)+8.3499$	0.6773	0.823**
有效磷	12	$y=9.9585\mathrm{Ln}(x)+55.794$	0.7521	0.867**
速效钾	14	$y=49.124\mathrm{Ln}(x)-136.92$	0.8932	0.945**

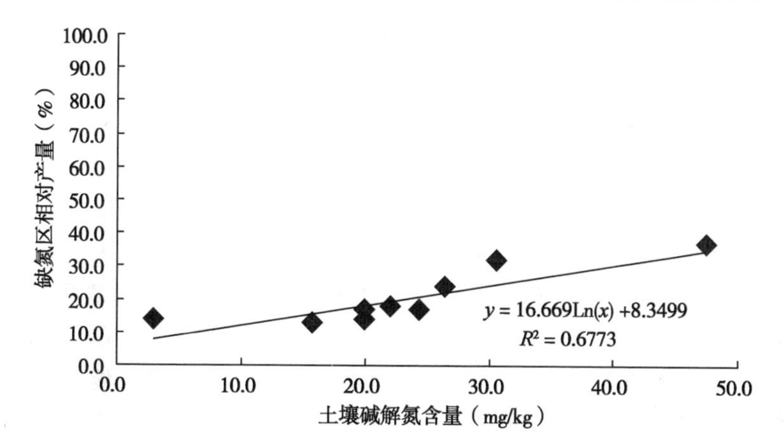

图 4　玉米地土壤碱解氮含量与缺 N 区相对产量的关系

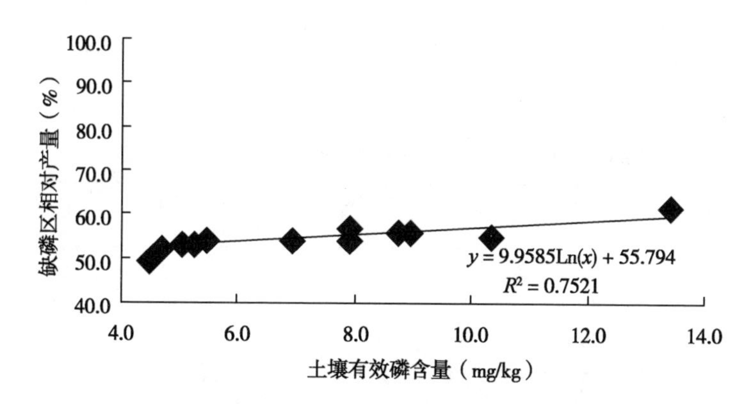

图 5　玉米地土壤有效磷含量与缺 P 区相对产量的关系

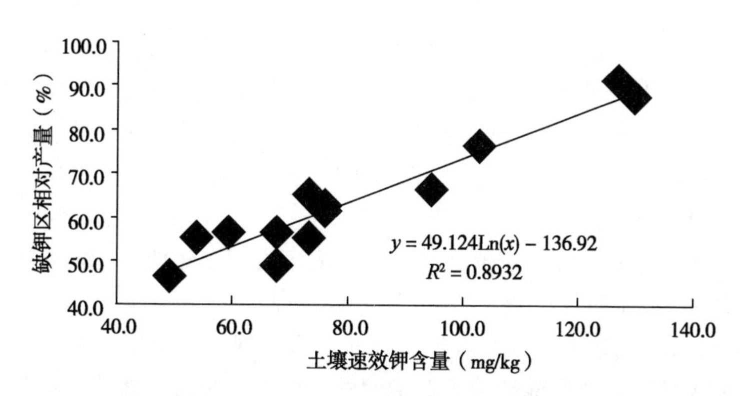

图 6　玉米地土壤速效钾含量与缺 K 区相对产量的关系

将拟合得到的以上三个回归方程分别进行 r 检验，结果表明，碱解氮、有效磷和速效钾含量分别与相应的缺素区相对产量均极显著相关，这说明得到的三个方程均可靠，可用于土壤养分丰缺指标的制定。

分别以相对产量55%，75%，85%和95%为临界值标准，获得土壤养分丰缺指标。将以上各临界值作为 y 值代入表24对数回归方程中，得出对应的土壤有效养分值，即土壤有效养分的丰缺指标值。

但从图4～图6可以看出，所有试验点缺氮区、缺磷区和缺钾区相对产量分别介于60.3%～71.7%、75.4%～81.8%和81.0%～97.6%。也就是说，在本研究条件下缺氮区相对产量55%、75%、85%和95%所对应的碱解氮值、缺磷区相对产量55%、85%和95%所对应的有效磷值和缺钾区相对产量55%和75%所对应的速效钾值均为模型外推值，没有实际意义，应舍去。

综上所述，根据回归方程初步制定出的志丹县玉米地土壤养分丰缺指标见表25。

表25　志丹县玉米地土壤养分丰缺指标汇总表（初定）

丰缺等级	相对产量（%）	碱解氮（mg/kg）	有效磷（mg/kg）	速效钾（mg/kg）
极高	>95	—	—	>112
高	85～95	—	—	92～112
中等	75～85	—	>7	<92
低	55～75	—	<7	—
极低	<55	—	—	—

根据大田试验的特点和土壤养分丰缺指标的制定要求，在某一较大的生态区域的某一土壤类型上，在2～3年的研究周期内，对某一特定作物，至少布置20～30个中、高、低肥力土壤上均有分布的“3414”试验点，这样才能得到较好的结果。志丹县自开展测土工作以来，共布置“3414”试验点50个，其中马铃薯23个，玉米27个。但受到工作量和工作条件的限制，试验所得到的部分养分含量值及相对产量值不可用，致使实际能够用于制定指标的数据很有限。土壤养分丰缺指标的制定，既要建立在继续开展“3414”试验的基础上，以此得到的数据作为依据，还要根据全县实际土壤养分分布状况及生产实践经验等对指标做出校正，只有这样才能得到较好的结果，便于在农业生产中进行推广。

（三）土壤养分丰缺指标的修正

志丹县自开展测土工作以来，采用常规分析方法对全县的土壤基础养分含量进行了测定，共测得土壤样品 3 032个，得到碱解氮 3 002个，有效磷 3 032个和速效钾值 3 032个。其中马铃薯地块 795 个，玉米地块 1 235个，其他地块 1 002个。其马铃薯和玉米土壤样品养分测定结果整体分析见表 26 和表 27。

表 26 马铃薯地土壤样品养分测定结果

项目	碱解氮（mg/kg）	有效磷（mg/kg）	速效钾（mg/kg）
样品数	781.0	795.0	795.0
最小值	19.0	5.9	69.0
最大值	41.0	14.6	134.0
平均值	29.0	9.7	96.8

表 27 玉米地土壤样品养分测定结果

项目	碱解氮（mg/kg）	有效磷（mg/kg）	速效钾（mg/kg）
样品数	1 220.0	1 235.0	1 235.0
最小值	18.0	0.5	63.0
最大值	42.0	16.7	134.0
平均值	29.3	9.9	98.6

1. 马铃薯地土壤养分丰缺指标修正

利用 SAS 系统软件分别对马铃薯地土壤碱解氮、有效磷和速效钾含量的分布情况进行统计分析，然后据此做成柱状图（图 7 ~ 图 9），来表示马铃薯地土壤养分在各含量范围内的分布状况。可参考此碱解氮、有效磷及速效钾分布结果分别对初步制定的碱解氮、有效磷和速效钾丰缺指标进行校正，得到校正后的丰缺指标，见表 28。

表 28 马铃薯地土壤养分丰缺指标汇总表

丰缺等级	相对产量（%）	碱解氮（mg/kg）	有效磷（mg/kg）	速效钾（mg/kg）
极高	>95	>55	>25	>140
高	85 ~ 95	40 ~ 55	20 ~ 25	110 ~ 140
中等	75 ~ 85	25 ~ 40	10 ~ 20	80 ~ 110
低	55 ~ 75	15 ~ 25	5 ~ 10	50 ~ 80
极低	<55	<15	<5	<50

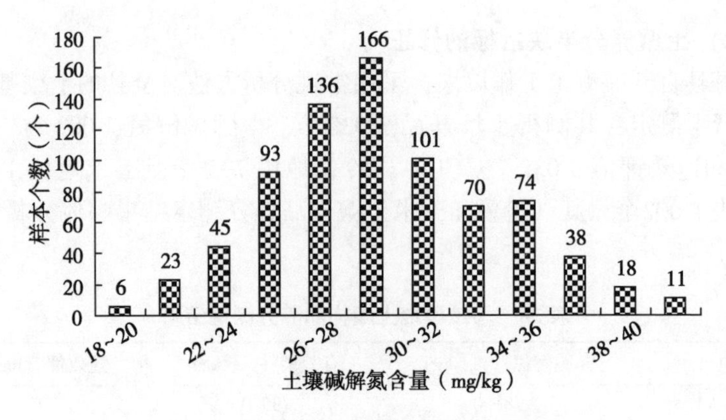

图7　马铃薯地土壤碱解氮含量分布图

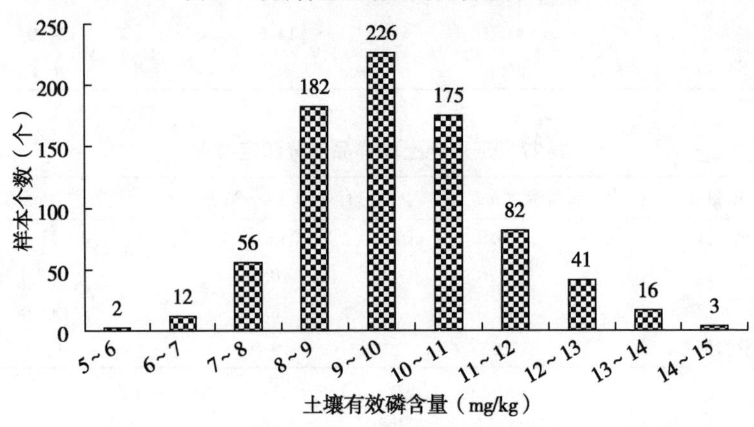

图8　马铃薯地土壤有效磷含量分布图

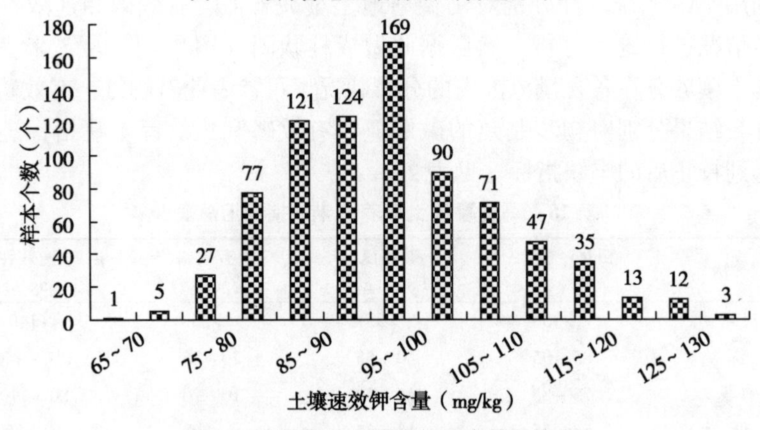

图9　马铃薯地土壤速效钾含量分布图

2. 玉米地土壤养分丰缺指标修正

利用SAS系统软件分别对玉米地土壤碱解氮、有效磷和速效钾含量的分布情况进行统计分析，然后据此做成柱状图（图10～图12），来表示玉米地土壤养分在各含量范围内的分布状况。可参考此碱解氮、有效磷及速效钾分布结果分别对初步制定的碱解氮、有效磷和速效钾丰缺指标进行校正，得到校正后的丰缺指标见表29。

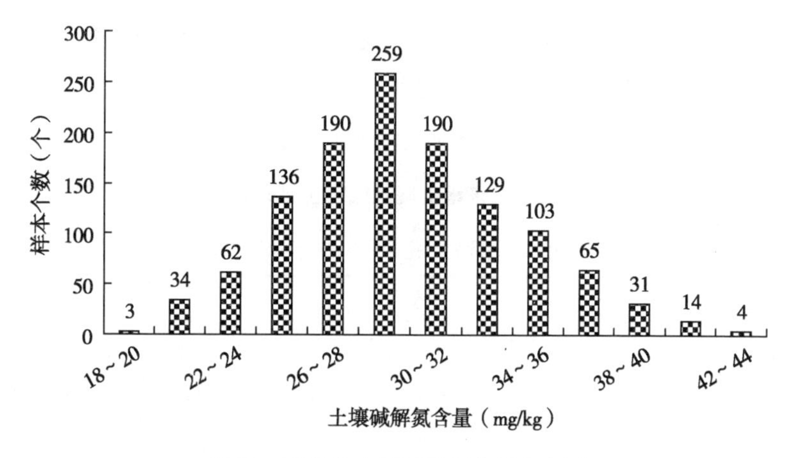

图10　玉米地土壤碱解氮含量分布图

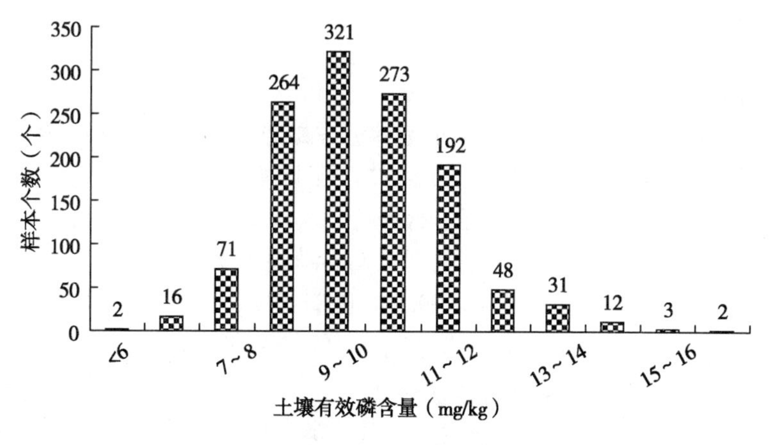

图11　玉米地土壤有效磷含量分布图

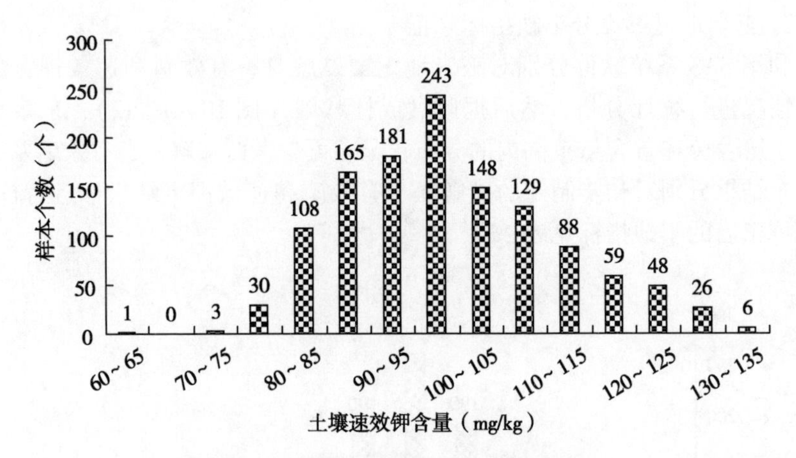

图 12　玉米地土壤速效钾含量分布图

表 29　玉米地土壤养分丰缺指标汇总表

丰缺等级	相对产量（%）	碱解氮（mg/kg）	有效磷（mg/kg）	速效钾（mg/kg）
极高	>95	>55	>25	>120
高	85~95	40~55	20~25	90~120
中等	75~85	25~40	10~20	60~90
低	55~75	15~25	5~10	30~60
极低	<55	<15	<5	<30

三、土壤养分状况评价

根据修正后的马铃薯和玉米土壤养分丰缺指标（表 28 和表 29）、全县基础养分整体分析结果（表 26 和表 27）和县域基础养分含量分布图（图 7~图 12）对全县土壤养分状况进行评价。其评价结果见图 13 和图 14。

由图 13 和图 14 可以看出，志丹县马铃薯地土壤碱解氮、有效磷和速效钾中等水平比例分别为 86.3%、39.9% 和 82.0%，偏低（低和极低）水平比例分别为 12.3%、60.1% 和 4.2%，偏高（高和极高）水平比例分别为 1.4%、0.0% 和 13.8%；玉米地土壤碱解氮、有效磷和速效钾中等水平比例分别为 87.4%、45.4% 和 24.9%，偏低水平比例分别为 11.1%、54.6% 和 0%，偏高水平比例分别为 1.5%、0% 和 75.1%。

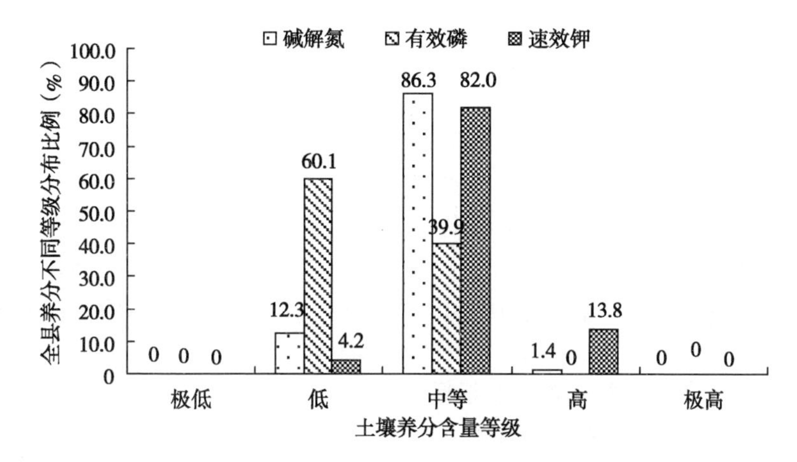

图 13　马铃薯地土壤养分状况评价结果

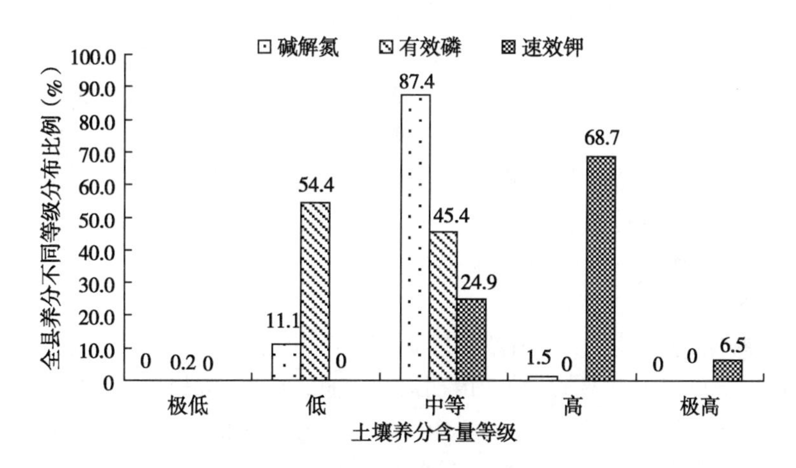

图 14　玉米地土壤养分状况评价结果

四、推荐施肥指标的制定

（一）施肥指标制定原则及方法

1. 氮肥

氮肥管理方面应遵循总量控制，分期调控的原则。根据作物目标产量确定施用量：

施肥量 = 目标产量所需养分量

= 目标产量 × 每 100kg 经济产量养分吸收量/100

2. 磷钾肥

根据磷钾养分恒量监控施肥原理来确定。基本思路是根据土壤有效磷/速效钾测试结果和养分丰缺指标进行分级，当土壤有效磷/速效钾含量为较低和极低水平时，磷/钾肥管理的目标是通过增施磷/钾肥提高作物产量和培肥地力，磷/钾肥用量分别为作物带走量的 1.3 ~ 2.0 倍；当土壤有效磷/速效钾含量为中等水平时，磷/钾肥管理的目标维持现有土壤有效磷/速效钾水平，磷/钾肥用量等于作物的带走量；当土壤有效磷/速效钾含量为较高和极高水平时，磷/钾肥用量为作物的带走量 50% ~ 80% 或完全不施，目的是减少大量肥料施用造成的经济浪费和农业环境污染。

（二）主要农作物推荐施肥指标

根据相关研究结果：玉米每 100kg 产量氮（N）、磷（P_2O_5）、钾（K_2O）养分吸收量分别为 2.2kg、0.85kg、2.4kg；马铃薯每 100kg 产量氮（N）、磷（P_2O_5）、钾（K_2O）养分吸收量分别约为 0.5、0.2、1.0 kg。

由于志丹县地形地貌以丘陵沟壑区和风沙滩区为主，水土流失、干旱、风蚀沙化、土壤盐碱化等问题严重，全县基础肥力水平总体较低，而根据 3414 试验制定的养分丰缺指标只能表明当地土壤养分含量的一个相对丰缺程度，对当地的土壤养分状况在全县这样一个范围内进行一个相对丰缺状况的评价。因此在进行推荐施肥时，我们要以提高全县的总体肥力水平为目的，提高土壤速效养分的丰缺指标临界值。

1. 马铃薯推荐施肥指标

马铃薯以基肥为主，追肥为辅。基肥以有机肥为主，一般亩施优质有机肥 2 000 ~ 3 000kg。早熟品种在苗期追肥为宜，中晚熟品种以现蕾前追施较好。氮肥总量的 2/3 作基肥，1/3 作追肥，开花后不能追施氮肥。磷肥全部做基肥。钾肥总量的 70% ~ 80% 作基肥，20% ~ 30% 作追肥。

（1）水地马铃薯推荐施肥指标（表 30 ~ 表 32）

水地马铃薯平均亩产 2 000 ~ 2 500kg，高产可达 4 000kg。

表 30　志丹县水地马铃薯不同目标产量下的氮肥推荐用量

肥力等级	土壤碱解氮（mg/kg）	目标产量（kg/亩）			
		1 500 ~ 2 000	2 000 ~ 2 500	2 500 ~ 3 000	3 000 ~ 4 000
高/极高	>90	7 ~ 9	9 ~ 11	11 ~ 13	13 ~ 16
中等	60 ~ 90	8 ~ 10	10 ~ 13	13 ~ 15	15 ~ 20
低/极低	<60	9 ~ 12	12 ~ 15	15 ~ 18	18 ~ 24

表 31　志丹县水地马铃薯不同目标产量下的磷肥推荐用量

肥力等级	土壤有效磷（mg/kg）	目标产量（kg/亩）			
		1 500 ~ 2 000	2 000 ~ 2 500	2 500 ~ 3 000	3 000 ~ 4 000
高	>25	2 ~ 3	3 ~ 4	4 ~ 5	5 ~ 6
中等	15 ~ 25	3 ~ 4	4 ~ 5	5 ~ 6	6 ~ 8
低	<15	5 ~ 6	6 ~ 8	8 ~ 10	10 ~ 12

表 32　志丹县水地马铃薯不同目标产量下的钾肥推荐用量

肥力等级	土壤速效钾（mg/kg）	目标产量（kg/亩）			
		1 500 ~ 2 000	2 000 ~ 2 500	2 500 ~ 3 000	3 000 ~ 4 000
高	>150	8 ~ 10	10 ~ 13	13 ~ 15	15 ~ 20
中等	100 ~ 150	11 ~ 15	15 ~ 19	19 ~ 23	23 ~ 20
低	<100	15 ~ 20	20 ~ 25	25 ~ 30	30 ~ 35

（2）旱地马铃薯推荐施肥指标（表 33 ~ 表 35）

旱地马铃薯亩产一般在 500 ~ 1 000kg，高产可达 1 500 ~ 2 000kg。

表 33　志丹县旱地马铃薯不同目标产量下的氮肥推荐用量

肥力等级	土壤碱解氮（mg/kg）	目标产量（kg/亩）		
		500 ~ 1 000	1 000 ~ 1 500	1 500 ~ 2 000
高/极高	>90	2 ~ 4	4 ~ 6	6 ~ 8
中等	60 ~ 90	3 ~ 5	5 ~ 8	8 ~ 10
低/极低	<60	4 ~ 6	6 ~ 9	9 ~ 12

表 34　志丹县旱地马铃薯不同目标产量下的磷肥推荐用量

肥力等级	土壤有效磷（mg/kg）	目标产量（kg/亩）		
		500 ~ 1000	1000 ~ 1500	1500 ~ 2000
高	>25	1	1 ~ 2	2 ~ 3
中等	15 ~ 25	1 ~ 2	2 ~ 3	3 ~ 4
低	<15	2 ~ 3	3 ~ 5	5 ~ 6

表 35　志丹县旱地马铃薯不同目标产量下的钾肥推荐用量

肥力等级	土壤速效钾（mg/kg）	目标产量（kg/亩）		
		500 ~ 1 000	1 000 ~ 1 500	1 500 ~ 2 000
高	>150	3 ~ 5	5 ~ 8	8 ~ 10
中等	100 ~ 150	4 ~ 8	8 ~ 11	11 ~ 15
低	<100	5 ~ 10	10 ~ 15	15 ~ 20

2. 玉米推荐施肥指标

春玉米氮肥基追肥比例水地推荐为 4∶6，旱地推荐为 5∶5。磷钾肥全部作为基肥施用。基施锌肥 1 ~ 2kg。

(1) 水地春玉米推荐施肥指标（表 36 ~ 表 38）

近年来志丹县水地玉米平均亩产 800 ~ 900kg，高产田可达 1 000kg。

表 36　志丹县水地玉米不同目标产量下的氮肥推荐用量

肥力等级	土壤碱解氮（mg/kg）	目标产量（kg/亩）		
		700 ~ 800	800 ~ 900	900 ~ 1 000
高/极高	>90	15 ~ 18	18 ~ 20	20 ~ 22
中等	60 ~ 90	18 ~ 21	21 ~ 24	24 ~ 26
低/极低	<60	22 ~ 25	25 ~ 28	28 ~ 30

表 37　志丹县水地玉米不同目标产量下的磷肥推荐用量

肥力等级	土壤有效磷（mg/kg）	目标产量（kg/亩）		
		700 ~ 800	800 ~ 900	900 ~ 1 000
极高	>30	0	0	0
高	25 ~ 30	3 ~ 4	4 ~ 5	5 ~ 6
中等	15 ~ 25	6 ~ 7	7 ~ 8	8 ~ 9
低	10 ~ 15	9 ~ 10	10 ~ 11	11 ~ 12
极低	<10	12 ~ 14	14 ~ 15	15 ~ 17

表 38　志丹县水地玉米不同目标产量下的钾肥推荐用量

肥力等级	土壤速效钾（mg/kg）	目标产量（kg/亩）		
		700 ~ 800	800 ~ 900	900 ~ 1 000
极高	>200	0	0	0
高	150 ~ 200	8 ~ 10	10 ~ 11	11 ~ 12
中等	100 ~ 150	17 ~ 19	19 ~ 22	22 ~ 24
低	50 ~ 100	25 ~ 29	29 ~ 32	32 ~ 36
极低	<50	34 ~ 38	38 ~ 43	43 ~ 48

（2）旱地春玉米推荐施肥指标（表39～表41）

表39　志丹县旱地玉米不同目标产量下的氮肥推荐用量

肥力等级	土壤碱解氮（mg/kg）	目标产量（kg/亩）		
		400～500	500～600	600～700
高/极高	>90	9～11	11～13	13～15
中等	60～90	11～13	13～16	16～18
低/极低	<60	12～15	15～18	18～22

表40　志丹县旱地玉米不同目标产量下的磷肥推荐用量

肥力等级	土壤有效磷（mg/kg）	目标产量（kg/亩）		
		400～500	500～600	600～700
极高	>30	0	0	0
高	25～30	2～3	3～4	4～5
中等	15～25	3～4	4～5	5～6
低	10～15	4～5	6～7	7～9
极低	<10	6～8	8～10	10～12

表41　志丹县旱地玉米不同目标产量下的钾肥推荐用量

肥力等级	土壤速效钾（mg/kg）	目标产量（kg/亩）		
		400～500	500～600	600～700
极高	>200	0	0	0
高	150～200	5～6	6～8	8～9
中等	100～150	10～12	12～15	15～17
低	50～100	15～18	18～22	22～25
极低	<50	20～24	24～30	30～34

附录三　果园土壤改良

苹果园深翻改土技术要点

1　苹果园深翻改土重要性

丘陵山地苹果园多数活土层较浅，果树根系向深层生长困难。通过深翻可以显著改善土壤通透性。深翻后根系得以下扎，细根量增加，树体生长健壮。

提倡秋季深翻，在采收后结合秋施基肥尽早进行。此时土壤墒情较好，根系正处于秋季发根高峰时期，伤口易愈合，且愈合后发生大量细根，对于增加树体营养积累意义重大。

生产上常用的深翻方法有深翻扩穴和隔行深翻等，深翻深度为 40 ~ 60cm，深翻沟要在树冠投影外围向内 20 ~ 30cm，以免伤大根。深翻时，表土、心土要分开堆放。回填时先在沟内埋有机物如作物秸秆等，把表土与有机肥混匀先填入沟内，随后填入里土。每次深翻沟要与以前的沟衔接，不留隔离带。深翻过程中注意不伤大根。深翻后及时灌透水，以保证根系与土壤密实接触。如果果园土壤为疏松深厚的沙质壤土，则不需要深翻。

2　具体方法

2.1　全园深翻

适用于梯田和坡度较小的坡地。可用农机具作业。如因受条件限制，定植前不能同步完成全园深翻整地时，也可先挖宽 1m、深 60 ~ 80cm 的条带沟，或挖长、宽各 1m，深 60 ~ 80cm 的定植穴。待果园建成后，再逐年扩穴至全园深翻一遍。在深翻改土时，熟土和生土要分别放置，回填时不要打乱土层，并掺入有机肥。下层加入作物秸秆、绿肥等，以增加深层的通透性，中上层掺拌有机肥，以增加根群区肥力。然后浇水沉实，以促进有机质的分解。

2.2 “三合一”梯田整地

一般坡度角在30°以下的山坡地宜修筑等高水平、增厚土层、能蓄能排的“三合一”保土、保水、保肥的梯田。这是一种效果较好、应用较广的深翻整地方法。修筑梯田前，首先应测定等高线，计算出梯田田面的宽度和地堰的高度。在坡度为5°~25°的山丘地上，一般坡度每增加5°，田面宽度宜相应减少1m。在确定好地堰高度、田面宽度后，就可根据等高线所在部位的走向进行整地。垒堰前，先清理堰基。垒堰时，要自下而上地逐渐向梯田面一侧倾斜，同时削高填低，增厚土层至60cm左右，使熟土在上。最后，把田面整平，使外高里低，即外噘嘴，倒流水。要在田面的外缘培好土埂，内侧修筑竹节沟，以防水土流失。竹节沟宽30~40cm、深35cm左右，沟内每隔3m左右培一拦水土埂，以能缓冲水流截流下渗。最后，在梯田两端靠近竹节沟出水口处。各挖一个贮水0.5~1.5m^3的贮水沉淤坑。

2.3 松土加修鱼鳞坑的块状整地

该法适用于坡度角在30°以上的山坡地。这类山坡地地下岩石裸露，整修梯田作业难度大，可采用松土加整修鱼鳞坑（也称树坪）的办法。具体做法是：一是要把挖出被炸碎的母岩置于地表，使其慢慢风化。将熟土和有机质混合均匀，填入鱼鳞坑内，整平定植穴，浇水沉实。二是要增厚定植点的土层，并防止水土流失。根据地形逐棵修筑外高内低的鱼鳞坑。修筑鱼鳞坑时，要收集周围石缝间客土，加厚土层。坑的大小，应根据裸岩石间土壤地片的大小而定，一般应与成龄树树冠大体相当。

3 注意事项

3.1 幼树在定植穴（沟）外、挖深60~80cm环状沟或条状沟，3~4年将果园深翻一遍。

3.2 挂果园，在树冠外围挖深30~50cm，宽40~60cm的沟（穴），进行改土施肥。表土、底土分放，表土一定要与肥料混匀填入沟（穴）底，再回填底土封口。深翻改土时保护好1cm以下的根系。

3.3 严禁深翻改土时出现施肥“云团”现象，严禁将果袋、农药包装物、反光膜、地膜等有害物质翻入土中。

苹果园秸秆覆盖技术要点

1 秸秆覆盖的作用

1.1 提高土壤肥力

秸秆覆盖果园可使土壤有机质增加5.85%～128.17%。树盘覆盖时，树盘40cm土层中有机质可增加61.1%，20cm土层中有机质可提高1倍左右。氮可增加54.7%，磷可增加27.7%，钾可增加28.9%。同时微生物数量显著增加。年覆盖秸秆1 500～2 000kg的果园，秸秆分解后相当于每亩施用农家土杂粪3 000～4 000kg的肥效。

1.2 提高果树体内营养水平，促进果树生长

秸秆覆盖后，富士苹果树体内氮可提高0.085%、磷可提高0.0065%、钾可提高0.092%、钙可提高0.08%；金冠苹果树体内氮提高0.069%、磷提高0.006%、钾提高0.081%、钙提高0.286%。秸秆覆盖果园果树总根量可增加6.1～19.7kg，新梢粗度可增加3.85%～20.69%，特别是促进果树的前期生长，增加春梢生长量，减少秋梢生长18.8%～31.3%。叶面积可增加0.71%～14.50%，叶片重量可增加20.02%，从而提高了叶片的质量。

1.3 减少病虫害

秸秆覆盖可减少苹果树腐烂病的发生，发病株可下降14.9%～32.1%；可以减少蚱蝉为害，为害苹果树枝率可减少73.6%～80.9%。

1.4 提高果品产量

据调查表明秸秆覆盖的富士苹果树可提高坐果率27.38%，新红星苹果树可提高坐果率77.08%。秸秆覆盖1年，苹果可增产17.65%～35.71%；秸秆覆盖2年增产38.29%～228.57%；秸杆覆盖旱地果园连续覆盖6年，最高增产可达13.65倍，并且大小年幅度明显减少。

1.5 改善果品的品质

秸秆覆盖苹果园后，一级果可增加16%，果实可溶性固形物可增加1.6%，单果重量可增加18.3g，品质显著提高。种植覆盖植物，苹果含糖量提高1.03%～1.16%，减少有机酸0.28%～0.615%，果实色泽艳丽，耐贮藏。覆盖1年可增产441～893kg，3年累计增产2 575kg以上。每千克苹果增收平均按1.5元计算，覆盖1年增收662～1 340元，亩增纯收益516～

1 153元；连续覆盖3年，平均每年增收1 288元以上，亩增纯收益1 125元以上。

1.6 减少果园地面径流，增加土壤和果树体内含水量

据调查，秸秆覆盖果园，20cm土层内含水量增加1.05倍，20～40cm土层内含水量增加77.12%，40～60cm土层内含水量增加39.52%。减少地面蒸发量的60%左右，土壤湿度提高3%～4%。

1.7 调节土壤温度，缩小地表温度的变幅

果树生长前期，秸秆覆盖土壤的土温低，可延迟果树萌芽开花5天左右，避免花期晚霜冻害。夏季果园表层土温过高会引起表层根灼伤、死亡。果树生长后期，秸秆覆盖可延迟土温下降，有利于果树根系生长、吸收、合成和积累营养物质。

2 技术要点

2.1 树盘覆盖

利用玉米、大豆、糜谷、马铃薯等秸秆以及杂草等有机物，覆盖到果树树盘，覆盖宽度应与树冠相同，覆盖厚度10～20cm。一般要经常保持覆盖厚度，不断补充覆盖物；也可待秋季覆盖物腐烂后翻入土内，收获秸秆后继续覆盖。

2.2 全园覆盖

利用玉米、大豆、糜谷、马铃薯等秸秆或杂草等有机物进行全园覆盖。覆盖厚度10～20cm。一般要经常保持覆盖厚度，每年补充覆盖物，覆盖物完全腐熟后可适时翻入土内。

2.3 沟埋秸秆

秋季果品采摘后，在果树行间开出一条40cm宽、40～50cm深的沟，将玉米、大豆、糜谷、马铃薯等秸秆或杂草等有机物粉碎后，与土充分搅拌，施入沟内，埋土压实。

3 还田量

秸秆树盘覆盖每株果树为50～100kg，全园覆盖每亩为3 000～5 000kg，沟埋秸秆每亩为1 500～2 000kg。

4 配套农艺

4.1 配方施肥，适当增施氮肥

秸秆覆盖果园要在常规配方施肥的基础上，适当增施氮肥，以调整土壤碳氮比，解决秸秆腐熟与果树争氮素的矛盾。一般来说，幼树果树每株增施纯氮0.05~0.1kg，5~10年生果树每株增施纯氮0.15~0.25kg，11~15年生果树每株增施纯氮0.25~0.4kg。

4.2 防止鼠害

树盘或全园覆盖时，在果树树干四周要留出一定的空间，保持一定的距离，防止田鼠、野兔藏匿啃咬树皮，危害树干，影响果树的正常生长发育，同时避免烧伤树干。

4.3 生长期管理

生长期较短或春季较寒冷的地区，春季需将树盘覆盖物移开，使树下土温及时回升，待土温提高后，于晚春或初夏继续实施树盘覆盖。

5 注意事项

土壤黏重的果园不宜进行秸秆覆盖，因黏重土壤秸秆覆盖后，会使土壤湿度过大，影响土壤的透气性和土壤有效铁的含量，导致根系生长不良，发生缺铁黄花以及腐烂病，从而降低产量和品质。

苹果园秸秆还田技术要点

秸秆还田是现在农田里普遍应用的一项培肥地力的措施。虽然果园里应用还不是很普遍，但能有效提高果园土壤有机质含量。在果园中秸秆还田，不仅可以提高土壤肥力，而且有利于果园保墒蓄水，调节地温，抑制杂草生长。果园秸秆还田的技术要点如下。

1　秸秆还田存在的问题

在秸秆还田过程中，部分地区因对技术掌握不够全面，产生了负效应，分析原因有以下三点。

碳氮比失调：秸秆本身碳氮比为65～85：1，而适宜微生物活动的碳氮比为25：1，秸秆还田后土壤中氮素不足，使得微生物与作物争夺氮素，导致秸秆分解缓慢，玉米苗因缺氮而黄化、苗弱、生长不良。

秸秆粉碎不符合要求：有的地块粉碎后的秸秆过长，其长度大于10cm，不利于耕翻，影响播种。

土壤大小孔隙比例不合理：秸秆还田后，土壤变得过松、大孔隙过多，导致跑风失墒，影响果树生长。

2　秸秆还田技术要求

适宜的秸秆数量：每亩秸秆还田以300～400kg为宜，如果还田量过大，反而会影响果树根系生长。

补施氮素肥料：秸秆还田后，应增施碳酸氢铵等速效氮肥，可降低土壤中的碳氮比，既有利于微生物的活动，加快秸秆分解，又可为后期生产提供各种养分。

粉碎深翻秸秆提高还田质量：粉碎长度应小于10cm，配备大型秸秆粉碎机，秸秆粉碎得较碎，并将粉碎的秸秆均匀耙入土壤。同时选用与之配套的播种机播种绿肥，以提高播种质量。

适时镇压补水：采用玉米秸秆还田的地块，田间土壤含水量应占田间持水量的60%～70%，最适于玉米秸秆腐烂。秸秆还田后，由于秸秆本身吸水和微生物分解吸水，会降低土壤含水量，同时会造成土壤消空。因此，要及时用镇压器镇压，并及时浇水，使土壤组织更加密实，消除大孔洞，大小孔隙比例趋于合理，种子与土壤紧密接触，利于发芽扎根，避免绿肥作物小苗吊根现象发生。

适时中耕增温促腐：田间土壤的温度高低不仅影响微生物群体和活性，也将影响土壤中酶的活性。温度过高会抑制微生物活动，使土壤中的酶失去活性，温度过低微生物活性减弱，秸秆腐烂速度减缓，一般适宜温度在28～35℃范围内。

中和酸碱度：在酸性土壤中要施入适量的石灰，做法是把石灰均匀撒在玉米秸秆上，以中和有机酸并可促进分解。

消灭病原体：病害发生重的地块，带病的秸秆不能直接还田，而应将其直接焚烧销毁。

玉米收获果穗后立即还田：应趁秸秆处于青绿状态时进行粉碎，此时的秸秆既易于粉碎，又能保证还田质量。在秸秆腐解过程中产生一些有机酸，往往抑制果树前期生长。为此，应该注意采取耕作措施疏松土壤，改善土壤通气状况。

3 还田的方法和还田量

3.1 覆盖法

适用于密植园和成龄果园。根据树冠大小，在树冠外缘两侧各做一条埂，埂高25cm左右；平整树盘，截成4～5m长的大畦，然后将备好的秸秆平铺于树冠下，覆盖厚度为10～20cm，并用土压埋，尽量不让秸秆外露，最后浇水渗透。每亩用秸秆2 000～3 000kg。

3.2 沟施深埋法

可结合施用其他有机肥料如圈肥、堆肥等进行。

3.2.1 条状沟施法。适用于密植园。在树冠行间开沟50～60cm、宽50cm左右的条状沟，开沟时将表土与底土分放两边。开沟时对沟内大根注意保护，对粗度在1.0cm以下的根在沟内露出5～10cm短截，以利促发新根，切忌齐壁截断。将事先粉碎好的秸秆与化肥、有机肥、表土充分混合后埋于沟内，踏实、浇水，每亩还田秸秆3 000kg左右。

3.2.2 环状沟施法。此法适用于幼树。在树冠外围挖一环状沟，深、宽各50～60cm，将粉碎好的秸秆及其他肥料混合埋于沟内，每亩还田秸秆2 000～3 000kg，踏实，浇足水。

3.2.3 放射沟施法。适用于幼树和稀植大冠树。根据树体大小在树冠投影外围向内20～30cm处，以树干为中心，挖4～8条放射沟，沟深30～60cm

（内浅外深），将粉碎后的秸秆和其他肥料混合施入沟内，每亩还田秸秆以4 000～5000kg为宜。

4　还田量和时期

每亩地秸秆还田量在1 000kg左右；秸秆长度切碎到5～10cm；要同时施入氮素肥料，100kg秸秆使用3～5kg碳酸氢铵；可使用一定量的催化剂，利于秸秆分解；最好将秸秆翻压到地下。秸秆还田时期依据秸秆的种类而定。玉米秸秆以晚秋9月中旬至10月下旬为宜。

5　注意事项

利用作物秸秆直接还田时，为了解决果树与秸秆分解时微生物争夺速效养分的矛盾，可以通过增施氮磷肥来解决。1～5年生未结果幼树每株施尿素0.15～0.25kg、过磷酸钙2.5～3.0kg；5～10年进入结果期的成年树每株施尿素1.5～2.0kg、过磷酸钙3.5～4.0kg；10年生以上的盛果期大树每株施尿素3.0～3.5kg，过磷酸钙5.0～7.5kg。利用作物秸秆直接还田，不论是覆盖还是沟施，最好事先将秸秆粉碎，与土混匀，施后要及时灌水，且要灌足浇透，以促进秸秆的腐烂分解。

苹果园种植绿肥大豆技术要点

种植大豆可增加土壤有机质含量，改善土壤团粒结构和理化性状，提高土壤自身调节水、肥、气、热的能力，形成良好的作物生长环境。推广大豆绿肥培肥技术，主要利用大豆的根瘤菌和高蛋白、高脂肪营养特点与油菜在果园进行轮作，通过翻压还田，使土壤肥力得到维持和提高。

品种以豆科植物为主，豆科绿肥具有固氮生物作用，可以适当减少下茬作物的氮肥用量。

1 影响大豆产量、质量的因素

志丹县是一年一熟的春大豆区，是我国最主要的大豆产区、品质好而享有很高的声誉。影响大豆产量、质量的因素有很多，既有土壤、水、热、光、风等自然因素，还有施肥、播种技术、田间管理、病虫害防治等因素的影响。因此本文主要从气候条件、播种期、施肥技术等三个因素为例，阐述其对大豆产量、质量的影响。

1.1 气候条件对大豆品质的影响

气候条件对大豆的影响十分明显，经过多年的实践研究总结得出：大豆生育期间的气温、降水量以及日照、气温的日较差都直接影响着大豆的蛋白质含量，且前两者与其呈现出的是正相关的关系，后两者与其呈现的是负相关的关系。所以综合各种影响因素，总结出光照充足、雨水较少、昼夜温差较大的气候条件益于大豆品质的提高。

1.2 播种期对大豆品质的影响

大豆播种期的不同选择，会使大豆植株生长的环境有所不同，从影响大豆籽粒的含油量以及脂肪酸的组成，从而影响大豆籽粒的品质。因此，在种植大豆时，一定要选择最适宜的播种期。

1.3 施肥技术对大豆品质的影响

研究结果表明肥料中的硫、硼、锌、锰、钼和铁等元素对大豆品质有着重要的影响，因此，要熟练地掌握施肥技术，而且要知道不同肥料对大豆所产生的影响。如施用氮肥、磷肥可以增加大豆的蛋白质；在施用农家肥的基础上再施用磷钾肥、氮磷肥等可以增加大豆的含油量。但是如果给大豆单独施用农家肥，则会降低大豆籽粒的含油量。由此可见，施肥技术对大豆品质的影响很大，不可轻视。

2　种植技术

大豆一生大致都要经历6个生育期，分别是：播种期、出苗期、开花期、结荚期、鼓粒期、成熟期。作为果园绿肥，重点要考虑大豆的产草量，要熟练掌握栽培技术，提高绿肥生产能力。具体的操作技术如下。

2.1　做好播前准备

2.1.1　精选良种

在种子的选择上要做到精选良种，尽量选择产草量大、适应性好的品种。还需做到结合当地的实际情况因地制宜的选种，选出适合当地种植的良种。

播种前应晒种1～2天，之后进行风选、清水选，10%的食盐水选，以保证纯净度、饱满度、发芽率。

2.1.2　优化耕作

优化耕作可以为大豆的生长提供一个良好的环境。大豆的耕作不宜重茬，因此，要根据大豆的生长特性来合理采用轮作方式。目前果园适宜推广的是大豆与油菜轮茬，充分利用油菜产草量大和大豆固氮的特点，培肥地力。

2.1.3　科学施肥

因为肥料施用的及时与否，直接影响着大豆的产草量，因此，在施肥时一定要做到科学施肥。大致需要进行3次施肥：大豆耕作前进行第一次施肥，施用的肥料是底肥，主要是为了增加土壤肥力，提高养分。大豆耕作时进行第二次施肥，施用的肥料是种肥，目的是为大豆生长提供所需要的肥料。在大豆的苗期、开花结荚期等生长期间临时施加的肥料，称为追肥，目的是提供充足的养分，促进大豆快速生长。当然对于我们当前做绿肥用的大豆而言，可以少施肥，可以进行免耕种植法。

2.2　精量播种

为了获得较好的播种效果，首先，要确定播种时期，一般在5月10日前播种；其次，确定播种方法，选用窄行条精量播种或撒播的方法。

2.3　加强田间管理

加强田间管理要做到适时中耕培土，病虫害防治，田间老鼠防治，及时刈割覆盖等方面，这就需要种植者全面了解田间管理的内容，并熟练掌握操作技术，提高绿肥效果。

3 压青技术

一般一年收获 1 次，收获时用农机具进行统一翻压，翻压深度一般为 10 ~20cm。要保证枝叶不外露为好，翻压时由于枝叶茂盛，可采用先镇压、后切碎、再翻压的步骤。翻压后应及时浇水，配合尿素及秸秆腐熟剂的施入，促进绿肥腐熟。

苹果园自然生草覆盖技术要点

果园自然生草也就是人工种草与果园杂草利用有机结合，自然生草和杂草利用在延安市是一项普遍使用的一种自然培肥技术。它的原理是利用不同季节、不同种类、不同根深的杂草，将土壤中被固定的养分活化，将深层土壤不同种类的养分聚集到地表，固养肥田。残留根系腐烂后增加土壤孔隙度、提高通透性，是一种经济、实惠、简单、易推的培肥技术。这一技术适宜于延安市各类果园。

当杂草高度就控制在30cm及时割草。割草后在雨天最好亩撒施2kg尿素，以增加产草量。

1　自然生草覆盖的作用

1.1　提高土壤的有机质含量，活化土壤，尤其是对质地黏重的土壤，改良作用更大。

1.2　果园自然生草覆盖后增加了地面覆盖层，能减少土壤表层温度的变幅，有利于果树根系的生长发育。

1.3　自然生草可充分发挥自然界天敌对害虫的持续控制作用，减少农药用量，是对害虫进行生物防治的一条有效途径。

1.4　改善果实品质。果园自然生草能使土壤中的磷、钙等有效含量提高，增加果实中的可溶性固形物含量和果实硬度，提高果实的抗病性和耐贮性，促进果实着色，减少生理性病害，从而提高果实的商品价值。另外，生草覆盖的地面可减轻采前落果和采收时果实的损伤。

1.5　自然生草形成的致密地表植被可固沙固土，减少地表径流对坡地土壤的侵蚀。同时，自然生草覆盖可将施进去的无机肥转变为有机肥，实现养分全元素供给，增加了土壤的蓄水保墒能力，减少肥、水的流失。

1.6　生草果园雨后地表积水较少，加上草被的大量蒸腾作用可加快雨水的散发，与清耕园相比，生草园因雨涝带来的危害较轻。

2　生草的种类与方法

推行免耕制，实现果园杂草有效控制利用，固养肥田。充分利用果园内不同种类、不同深度杂草，待其高度长至30cm时，及时刈割覆于树盘，发挥杂草的提肥作用，活化被土壤固定的养分，提升果树根基土壤肥力，实现全元素供给。

适合果园生草的主要为豆科与禾本科牧草。对于地下水位较高或灌区果园，宜选用白三叶、红三叶等较耐渍的草种；而对于旱地、灌水不便的果园，宜选用百脉根、扁茎黄芪等较为耐旱的牧草。

土层深厚、肥沃，根系分布较深的果园，可全园生草；而土层较浅、瘠薄的果园，则宜采取行间或株间生草。一般在果树三年生后不能间作其他作物时进行生草。高度密植（亩栽树 90 株以上）的果园不宜生草而只宜覆草。

果园生草的播种适期一般是在春季土壤解冻后。播种前先平整土地，播种时宜浅不宜深，通常以 1～2cm 为宜。播种分穴播和条播两种方式，播种时在土壤疏松的基础上，撒上草籽，用脚踏或菜耙来回耙几遍，使种子入土即可。出苗后及时中耕清除杂草，以防被杂草吃掉；天气干旱要及时浇水，以解决果树和生草争水矛盾；种草后 2～3 年内，应当增加果树根外追肥次数，并适当增施石灰性肥料，防止生草后土壤变酸；在草根扎深、生长量大时就应该开始刈割，割时留茬 5～10cm，一年刈割 3～4 次，把割下的草撒在树盘上；一般生草 3～5 年后草逐渐老化，要及时翻耕，闲置 1～2 年后重新播种，以春季翻耕最好。

3　注意事项

果园生草和杂草利用可有效提高土壤中有机质含量，减少水土流失，改善土壤结构，培肥地力。但部分果农误解了果园生草的真正含义，让果园杂草放任生长，不注意控草，结果带来了较多问题。

3.1　草害发生严重。目前生草果园较多地采取自然生草法，对草种没有选择性，且几年不控草、不翻耕，以至于杂草发生严重。有的杂草长到几米高，与果树争光、争空间，“喧宾夺主”，造成果树埋没在杂草之中；同时争夺肥水的矛盾突出，造成果树缺氮严重，干旱季节果树缺水，加剧了旱害的发生；并使土壤板结，影响通气，导致根系上浮而造成浅根。此外，杂草生长旺盛季节，不仅给果园各项作业带来了不便，杂草客观上成了病虫的潜伏场所。

3.2　人工种草果园的控草。应当控制草的长势，适时进行刈割（用镰刀或机械割草），以缓和春夏秋季草与果树争夺肥水矛盾，还可增加年内草的产量，提高土壤中有机质的含量。人工种草最初几个月不要刈割，当草根扎深、营养体显著增加后，才开始刈割。一般1年刈割2～4次，灌溉条件好的可多刈割1次。具体来说，豆科草要留茬15cm以上，禾本科留茬10cm左右；全园生草的，刈割下来的草就地撒开，也可开沟深埋，与土混合沤肥。

3.3　自然生草果园的控草。首先要让草长，不能在草很小的时候锄掉。草高达到一定高度后，充分利用割草机或人工控草，一般高度控制在30cm以内。禁止使用各种除草剂控草。

苹果枝条发酵腐熟培肥技术要点

苹果树枝堆肥采用就地取材、就地处理、就地施用的方法，将果园修剪下的树枝集中粉碎堆积，变废为宝，防止病虫传播，又解决了果园有机肥料来源不足的问题，具有简便易行，净化环境，减少污染，改良土壤，培肥地力，成本低、养分全等诸多优点。

苹果枝条粉碎技术，不仅增加有机肥，改善土壤性能，减少化肥使用量，节本增效，而且还是提高果园土壤有机质含量的有效途径。苹果枝条粉碎静态条垛厌氧堆肥技术如下。

1 技术要点

首先，选择靠近果园且交通方便背风向阳的平地作堆制场，以利增温和制作施用，堆制场地四周起土埂30cm，堆底要求平而实，以防跑水。将已粉碎的树枝堆高60cm时浇足水，然后每方树枝加入微生物发酵菌、尿素各0.5kg，加少量水溶解后撒入；做好后再粉碎树枝高60cm，按上述方法分别撒化肥和微生物发酵菌，上面再撒碎树枝30~40cm厚及其余的化肥和发酵菌，最后人工踏实，用泥封存厚度1.5~2cm，要求堆宽1.5~2m，高1.5~1.6m，长度不限，分3~4层堆沤。1~2个月后为腐熟好的优质堆肥。

1.1 堆肥的原理

堆肥主要是自然界广泛分布的真菌、细菌、放线菌等微生物，在一定条件下，促进有机质向稳定的腐殖质转化的生物发酵过程。在堆肥过程中，可溶性有机物质直接透过微生物的细胞壁和细胞膜被微生物吸收；而不溶的有机物质先被吸附在微生物体外，依靠微生物分泌到细胞外的酶分解为小分子有机物。这些小分子有机物一部分留在微生物体外，一部分继续分解为可溶性物质，再渗入到微生物细胞内参与微生物的生命代谢活动，进行分解代谢和合成代谢。把一部分被吸收的有机物氧化成简单的无机物，并释放出生物生长、活动所需要的能量；把另一部分有机物转化合成新的细胞物质，使微生物生长繁殖，产生更多的微生物体。堆肥过程中根据微生物对氧气的不同要求，可以把有机固体废物堆肥处理分为好氧堆肥和厌氧堆肥。

1.2 堆肥模式

堆肥原料以苹果树枝条为主，其他作物秸秆、粪尿等为辅；时间为冬剪

(粉碎)、春堆、秋施；方式为条垛式静态堆制法。静态堆肥技术，虽然要求堆制时间长，但不需要进行频繁的翻堆，省工、省时，便于推广。

1.3　静态条垛堆肥方法

静态条垛式堆肥属于厌氧堆肥的一种，将原料堆积成长条形的条垛，条垛的断面可以是梯形或三角形。建堆后的发酵过程不再进行翻堆通氧，氧气主要是通过条垛里热气上升引起的“烟囱效应”来进行被动通风。

静态条垛式堆肥的优点是不需要专用设备，简单易行，堆肥过程不用翻堆，大大降低了劳动强度和运行费用。其不足之处是厌氧条件，发酵时间长，有时会产生臭味。苹果树枝条静态条垛式堆肥技术工艺流程如下。

1.3.1　场地选择

应选择取水容易、交通方便、地势较高、平坦坚实且朝阳的地方。

1.3.2　枝条粉碎

1.3.2.1　苹果树枝条质地坚硬，木质素含量高，微生物不易分解，较小的颗粒能扩大微生物对肥料的接触面积，有利于微生物分解；同时较小的颗粒在加水时有利于水分的渗透与保持。

1.3.2.2　操作要求苹果树枝条粉碎粒度大小应控制在5～10mm为宜，作物秸秆或杂草用粉碎机粉碎或铡草机切断，长度小于5cm为宜。

1.3.3　条垛大小

条垛的形状为长条形，其横截面可以是梯形或拱形，底部宽1.5～2m、高1～1.5m，长度视原料多少和场地大小而定。

1.3.4　添加氮肥

1.3.4.1　堆料中的微生物需要充足的氮源才能生长、繁殖和分泌分解堆肥原料的各种胞外酶。如果氮源不足（“碳/氮比”过高），有机物降解速度缓慢，堆肥时间延长。苹果树枝条的“碳氮比”高达300～500，必须加入其他氮源来降低“碳氮比”。

1.3.4.2　添加“氮素”的比例。堆肥适宜的“碳氮比”应控制在20～40的范围。每1t（2～2.5m^3）堆肥原料加入2～3kg尿素或4～6kg硫酸铵或6～9kg碳铵。

1.3.4.3　添加“氮素”的方法。将尿素（硫酸铵或碳铵）加水稀释100倍，在堆肥第1次加水前，用喷壶或喷雾机均匀喷洒在干物上面，用铁锨或耙搅拌均匀，使物料尽量吸收含氮素的水分，不易造成氮素的流失。

1.3.5　添加水分

1.3.5.1　水分是微生物新陈代谢的必要条件，微生物生长、繁殖离不开水分，运输养分、溶解小分子有机物离不开水分。水分还能软化堆料使其容易分解，堆肥原料水分的多少，直接影响堆料性质和堆肥反应速度快慢、堆肥腐熟程度和堆肥产品质量，是堆肥中最重要的控制条件。

1.3.5.2　一般堆肥的相对水分含量要求为50%～70%，最好能达到60%以上。粉碎的苹果树枝条吸水能力差，在加水时虽然堆料表面已被浸湿，堆料外已有大量的水流出，看上去堆料持水已达饱和，其实水分还未进入堆料颗粒内部，堆料的水分含量尚达不到堆肥的要求。如果再继续加水，水分也不能够有效达到堆料颗粒内部，而造成水分的继续流失。解决这一问题的有效方法是采用二次加水的方法。

1.3.5.3　二次加水的方法第1次加水1天后进行第2次加水。在堆肥原料一头，刨出一少部分堆料并加水，用铁锨、耙将堆料和水充分翻搅均匀，堆在一头。以后再继续刨出一少部分堆料，不断地加水翻均，直到所有堆肥原料搅拌湿，这样堆肥全部充分加水完毕。

1.3.6　添加发酵剂（菌种）

1.3.6.1　在自然环境和堆肥原料中本身也含有大量的微生物，但是在堆肥过程中还要加入堆肥发酵剂。首先添加堆肥发酵剂可缩短堆肥发酵周期，对于微生物不易分解的木质素、纤维素含量较高且质地坚实的苹果树枝条粉碎堆肥原料尤为重要。其次是堆肥发酵剂中有益微生物，通过高温和微生物平衡，抑制堆肥原料中的有害病菌和虫卵。以后富含有益微生物的堆肥施入土壤后，可在土壤中大量繁殖，能消除土壤板结，改良土壤结构，提高土壤肥力。

1.3.6.2　添加发酵剂。将堆肥发酵剂（液体）用水稀释50～100倍。在堆肥原料第2次加水后，将堆肥原料平铺于地面，宽1.5～2m、长度3～5m、厚20cm，在堆肥原料上用洒壶或小水泵喷洒稀释的堆肥发酵剂，然后在其上铺一层堆肥原料，厚20～30cm，再喷洒堆肥发酵剂，如此一层层直到堆高达到1～1.5m。

1.3.6.3　覆膜与揭膜。在条垛堆好后，在上面覆盖塑料薄膜，四周边上用土压实，这样就完成了堆肥程序。静态条垛式堆肥采用一次建堆，堆肥过程中不进行翻堆，属于低温堆肥。一般情况，特别是在水分充足的条件下堆肥温度不会过高。但在炎热夏天，当堆温超过70℃时，应当揭开条垛上面覆盖塑料薄膜以降低温度，防止温度过高。

2　腐熟鉴别

一般情况下，采用以上程序进行堆肥，8 个月后就可完成腐熟过程。可先从外观上判断其腐熟程度，如堆肥呈褐色，手握湿时柔软而有弹性，干时易破碎；堆肥体积较原堆肥缩小 2/3 左右，这都是充分腐熟的标志。同时还要测定其物理化学指标，如堆肥温度同外界环境一致，不再有明显的变化，堆肥中淀粉含量应该为 0，pH 值为 8 ~9 等。通过检测符合标准则可施入大田，没有完全腐熟的进行下一轮堆制。

3　苹果树枝条堆制肥料成分

苹果树枝条堆制的肥料经过西北农林科技大学进行化验，有机质含量达到 40% 以上，磷含量 1.9%，钾含量 1.1%，总养分最高达 3.7%，pH 值在 8.0 左右，养分含量接近国家有机肥料的标准。

沼肥的综合利用技术要点

沼肥是沼液和沼渣的总称，是作物秸秆、牲畜粪便在沼气池中厌氧发酵的产物。据测定，沼液中含有丰富的氮、磷、钾、钠、钙等营养元素。沼渣中除含上述成分外，还含有有机质、腐殖酸等。沼肥中的全氮含量比堆沤肥高40% ~60%，全磷比堆沤肥高40% ~50%，全钾比堆沤肥高80% ~90%，作物利用率比堆沤肥提高 10% ~20%。此外，沼液和沼渣中还含有微量元素和17种氨基酸以及多种维生素和酶类，对促进作物生长和畜、禽、鱼的新陈代谢有显著作用。

沼气、沼液、沼渣简称三沼。据调查，90%的农户沼气池建好后用来做做饭、点点灯，仅这一项每户每年可节省600块钱，毫不夸张地说，这只是沼气池综合利用的九牛一毛。沼气池不仅沼气是宝，沼液、沼渣也是宝。沼液、沼渣统称沼肥。现用的一个 $10m^3$ 沼气池每年产沼肥 $16 \sim 20m^3$，应合理利用。

1　沼肥的成分及作用机理

沼肥是优质高效的有机肥料，养分含量高而全，富含果树必需的氮、磷、钾等大量元素以及硼、铜、铁、锰、锌、锶、钡等微量元素。它广泛施用于苹果、桃、梨、葡萄、蔬菜、瓜果上。果树施用沼肥可以提高花芽分化质量，使果树抽梢均匀，叶片厚绿，果实大小一致、光泽度好、甜度高，树势强壮，还可以杀死大部分病菌和虫卵，提高果树抗病虫害能力，且具有无污染、无残毒、无抗药性的特点，是生产无公害果品的理想肥料。

沼肥分为沼液和沼渣。沼液含有多种生物活性物质，如氨基酸、微量元素、植物生长刺激素，B族维生素、某些抗生素等，其中有机酸中的丁酸和植物激素中的赤霉素、吲哚乙酸以及维生素 B_{12} 对病菌有明显的抑制作用，沼液中的氨和铵盐及某些抗生素对果树的虫害有直接作用。沼液中可溶性养分含量高，各种养分齐全，易被果树吸收，适宜进行叶面喷施。沼渣富含丰富的有机质和较高的腐植酸，对改良土壤起着重要作用，适用于作基肥和追肥使用，长期使用能使土壤疏松，肥力增强，可使株产提高 8% ~10%，并可改善长年使用化肥所致土壤板结现象。沼渣中未腐熟原料施入果园后，到地下继续发酵，释放肥分，兼有速效与缓效双重作用，其中的氮、磷、钾等元素，可以满足果树生长的需要，使果树树势强壮，抗病力强，花芽分化好，抽梢一致，叶片厚绿，果实大小一致，光泽度好，甜度高等。

2　沼液的使用方法

根部追肥，使用前先将沼液用清水稀释 2～3 倍，以防浓度过高烧伤根系。一般在果树萌芽前 10 天每株施 20～25kg，新梢抽生后 15 天再施一次。幼树生长期间要结合树果长势确定施肥量，长势差的应多施，长势好的应少施，挂果多的应重施，挂果少的应少施。

2.1　浇施。主要用于果树的追肥，具有工作强度低、易操作的优点。结合果树灌溉浇施沼液，使肥料中的养分与水混合，施入土壤，有利于果树根系吸收，视果树大小以每株施用量 30～60kg。具有滴灌、渗灌系统的果园，只要在管路系统上进行小小的改装，增加一个沼液罐和混流阀就可以浇水、施肥同步实施，达到事半功倍的效果。

2.2　洒施。一般作追肥，将沼液洒于土壤表面，结合中耕松土翻耕，以利于沼液与土壤结合，使养分吸附在土壤上，防止肥分损失。洒施多在花前 10～15 天和采果后进行，每株用 20～50kg。

2.3　叶面追肥。选择经过充分腐熟发酵的沼液，将其过滤澄清后用喷雾器直接均匀地喷于树叶背面。沼液富含的营养物质易被果树吸收，适宜于叶面喷施，效果比化肥好。叶面喷施整个生长季节均可进行，特别是在花期、果实膨大期效果更明显，具有明显的增产和防病作用，可有效地防治蚜虫、螨类、蚧类等，配合化肥、农药、生长剂施用效果更佳。对果树的喷施一般于坐果期开始，喷施浓度开始为一份沼液对三份清水，以后逐次减为对两份水、一份水，直到不对水为止。选择早上露水干后和晴天的下午喷施，避开高温和中午进行，每隔 7～15 天喷一次，收获前 20～30 天停喷。

①用于促梢。在春梢、夏梢、秋梢芽长至绿豆大，梢上叶片展开转绿前喷施沼液，有促梢、壮梢、防虫的作。②在现蕾至开花前叶面喷施 2 次沼液可保花保果。③在果实膨大期用 50% 沼液加 0.3% 磷酸二氢钾喷施 2～3 次可有效地增加果实含糖量，促进果实着色，提早成熟。

喷施时间以早晨露水干后进行为宜，夏季以下午 6 时以后为宜，中午高温及雨前不要喷施，喷施以叶背为主，以利吸收。具体喷施次数和浓度应根据果树生长发育时期及季节而定。总的原则是细苗，嫩叶期 1 份沼液加 1～2 份清水，夏季高温季节 1 份沼液加清水 1 份，气温较低，又是老叶时可不加清水稀释。

3 沼渣的使用方法

沼渣是一种优质的有机肥料，养分含量高、肥效好、作基肥应在花芽分化期施入。具体的施用方法：将沼渣、秸秆、土混合堆沤后在采果后施入。成龄树一般采取沟施，即沿树冠滴水线开沟，沟深20~30cm，宽30cm左右内浅外渗施入，每株施沼渣50kg，过磷酸钙1.5kg，幼树可结合扩穴采用环状沟施，一般沟深15~30cm，沟宽20~30cm，施入后覆土。

3.1 深施。做果树基肥施用，穴施或沟施于果树树冠下，施入深度30~40cm，每株用量40~80kg，配合施用复合肥300g，施后覆土。采果后施肥，沼渣用量减半，避免秋梢、秋芽的生长。

3.2 沤制沼气腐肥。将沼渣与泥土一起堆沤，一层土一层沼渣，堆成圆台形，堆沤15~20天后使用，在果实膨大期施用，每株施用量30~50kg，增产效果明显。

4 施用注意事项

4.1 沼液要澄清过滤好，以防堵塞喷雾器，喷雾器密封性要好，以免溅、漏，弄脏身体。

4.2 沼液浓度不能过大。作叶面施肥时以一份沼液加三份水即可，防治病虫害时以原液喷施。

4.3 喷施时，以叶背面为重，以利吸收。

4.4 喷施时间。春、秋季上午露水干后进行，夏季傍晚为好，中午高温及暴雨前不要喷施。

4.5 沼肥出池后不能立即使用，因为刚出池的沼肥还原性强，他会与作物争夺土壤的二氧化碳，影响根系发育，导致作物叶片发黄，因此沼肥出池后要先在蓄粪池中存放5~7天使用。

4.6 使用沼肥不能过量，一般要比使用普通猪粪肥少，若盲目大量使用会导致作物徒长。

4.7 不能与草木灰、石灰等碱性肥料混合使用，也不能与农药混合施用。如混合使用会造成沼肥氮的损失，降低肥效。

编 后 语

2009 年，志丹县开始实施测土配方施肥补贴资金项目。项目实施产生了大量的田间调查、农户调查、土壤和植物样品分析测试和田间实验的观测记载数据，对这些数据的质量进行控制、建立标准化的数据库和信息管理系统是保证测土配方施肥项目成功的关键所在，也是保存测土配方施肥数据资料以使其持久发挥作用的关键所在。

农业部办公厅《关于做好耕地地力的评价工作的通知》（农办发【2007】66 号）和农业部办公厅《关于加快推进耕地地力的评价工作通知》(2008【75 号】）等文件要求，要充分利用测土配方施肥数据和县域耕地资源信息管理系统，并结合全国第二次土壤普查以来的历史资源，开展耕地地力评价。并结合全国第二次土壤普查以来的历史资料，开展耕地地力评价。志丹县农技中心在省、市、县各级领导、专家的指导与帮助下，整合资源，创新机制，联合配肥企业及专业协会，调用乡镇农技站长、村组干部等力量共同参与，有力地促进了项目实施；依托西北农林科技大学资源环境学院地理信息与遥感科学系，开展了志丹县耕地地力评价工作。

地力评价工作中，志丹县国土局、水务局、统计局在图件、资源的收集中给予了大力支持和帮助，在此，我们表示诚挚的谢意。

需要说明的是，本次的“耕地地力”是指耕地的基础地力，也就是由耕地土壤的地形、地貌条件、成土母质特征、农田基础设施及培肥水平、土壤理化状况等综合构成的耕地生产力。

由于我们知识水平有限，时间仓促，书中不足乃至错误在所难免，敬请广大读者批评指正。

马 岩

2016 年 11 月

志丹县耕地力评价图

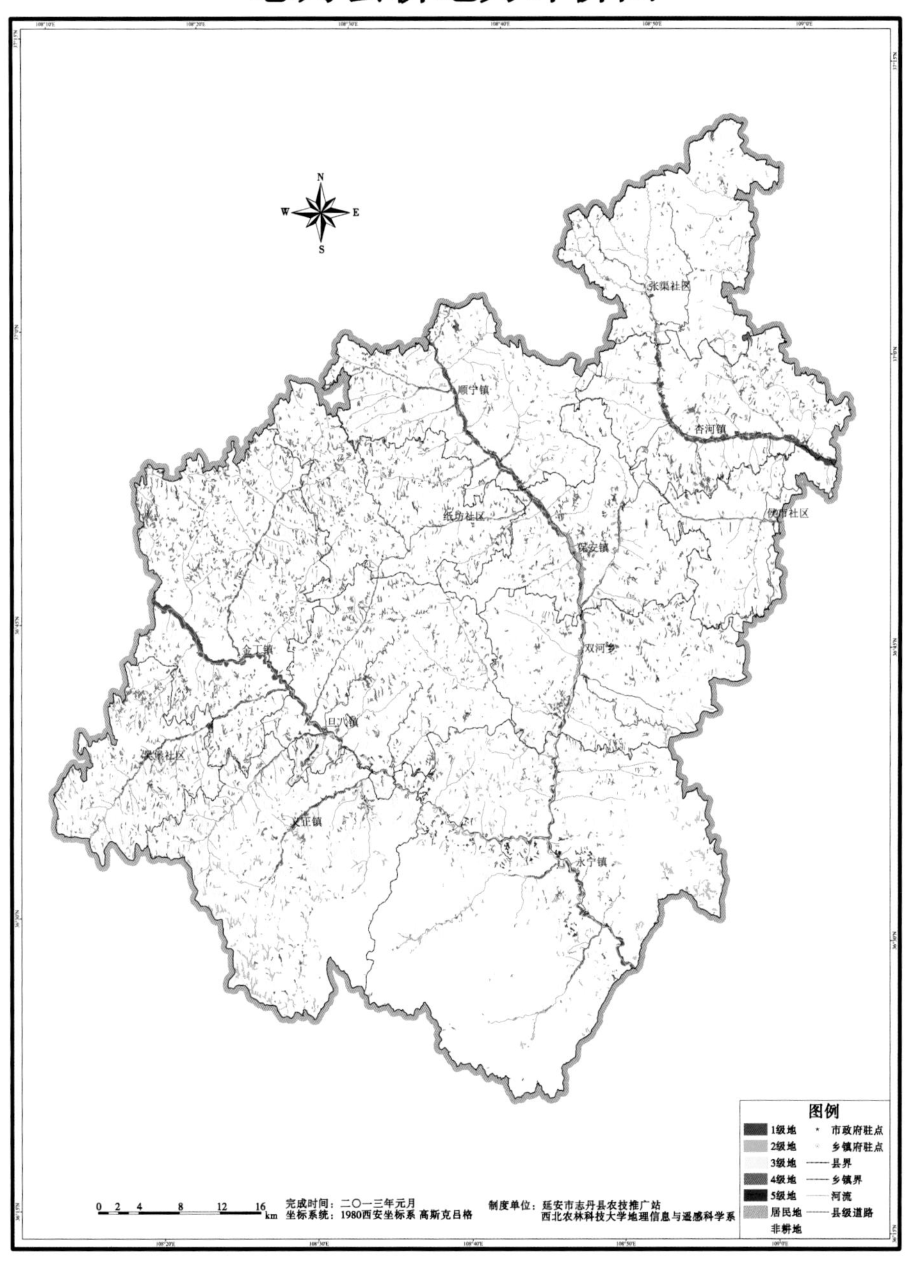
N
W
E
S
张渠社区
顺宁镇
杏河镇
纸坊社区
保安镇
侯市社区
双河乡
金丁镇
旦八镇
吴堡社区
义正镇
永宁镇
图例
1级地
2级地
3级地
4级地
5级地
居民地
非耕地
市政府驻点
乡镇府驻点
县界
乡镇界
河流
县级道路
0 2 4 8 12 16 km
完成时间：二〇一三年元月
坐标系统：1980西安坐标系 高斯克吕格
制度单位：延安市志丹县农技推广站
西北农林科技大学地理信息与遥感科学系

志丹县耕层土壤碱解氮含量分级图

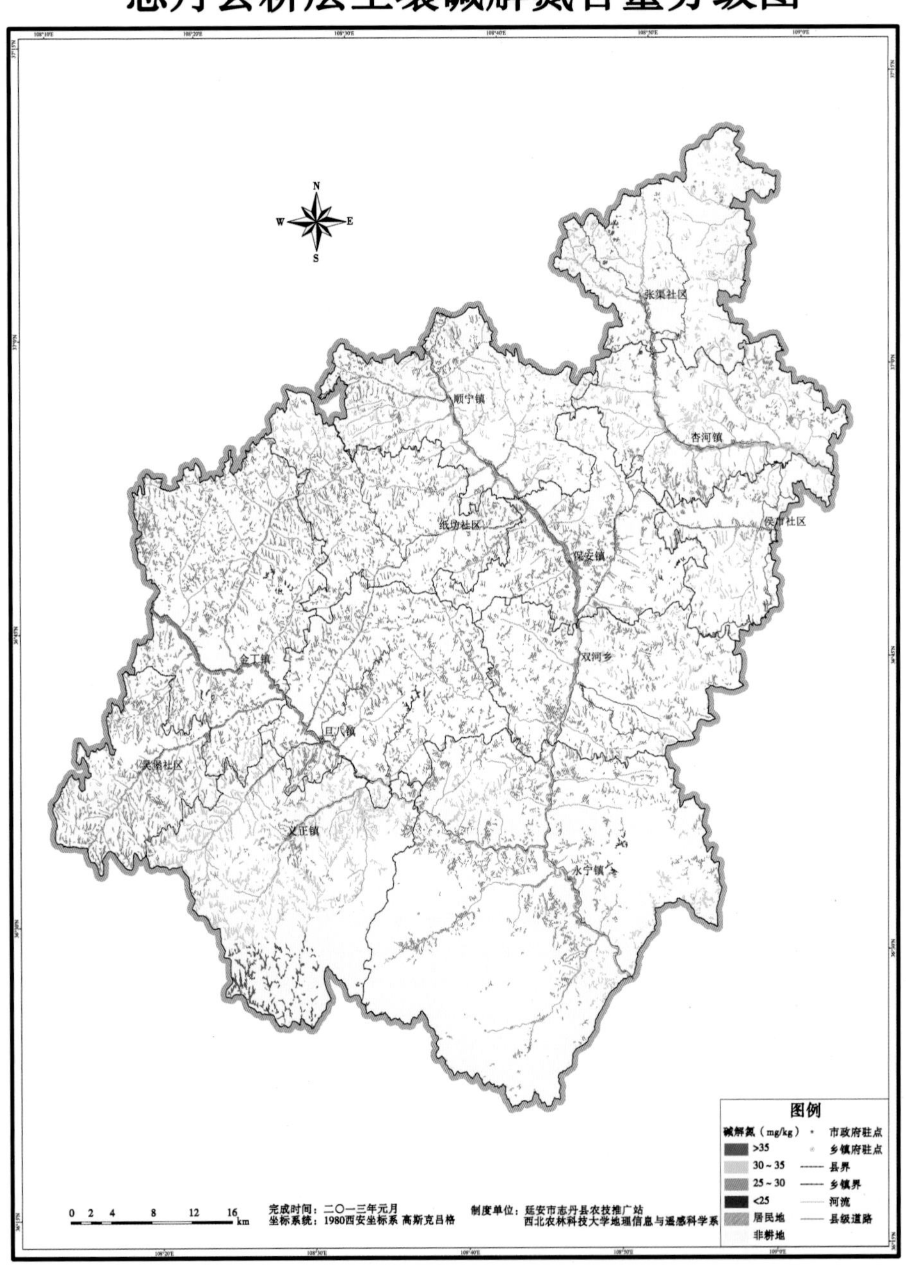

志丹县耕层土壤速效钾含量分级图

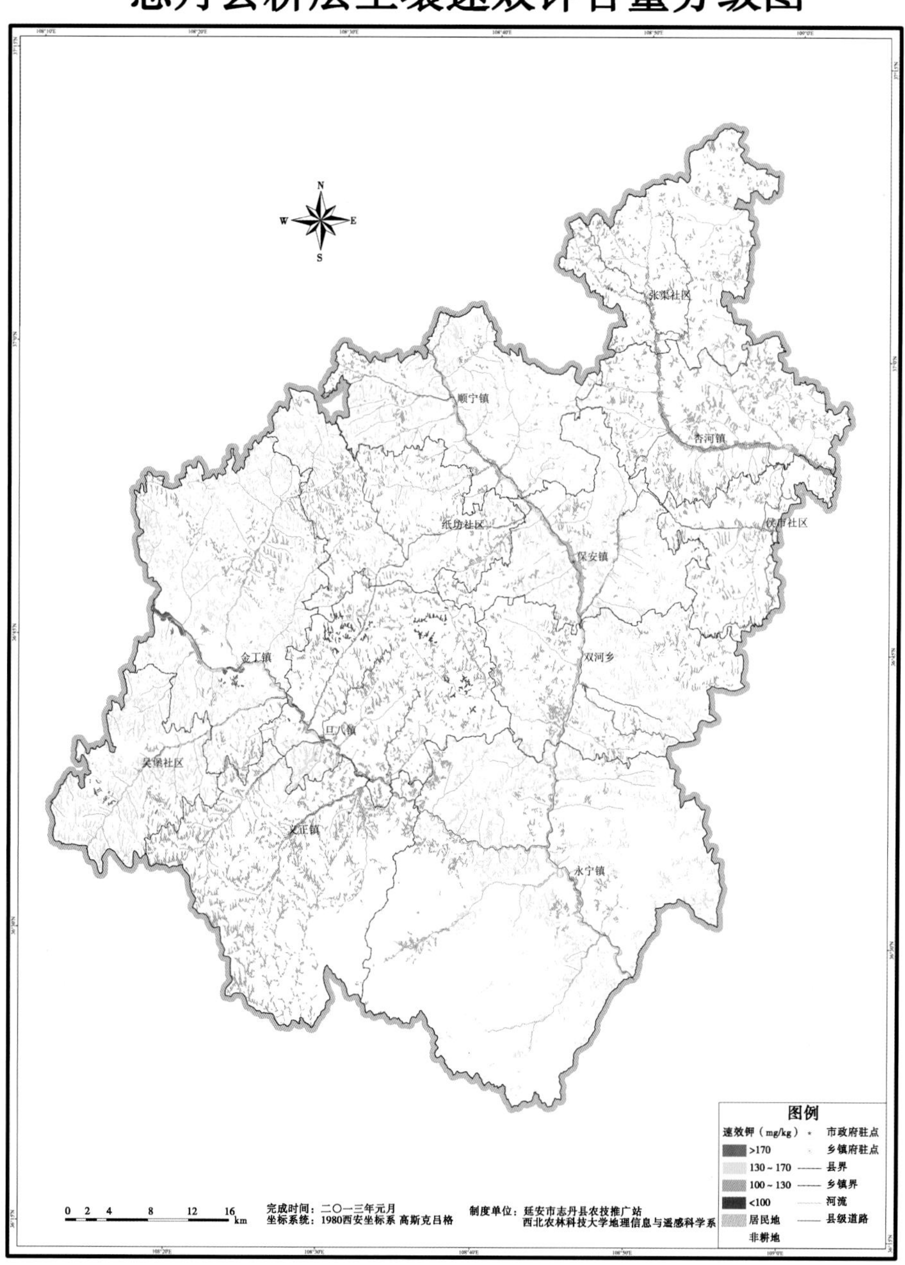

志丹县耕层土壤有机质含量分级图

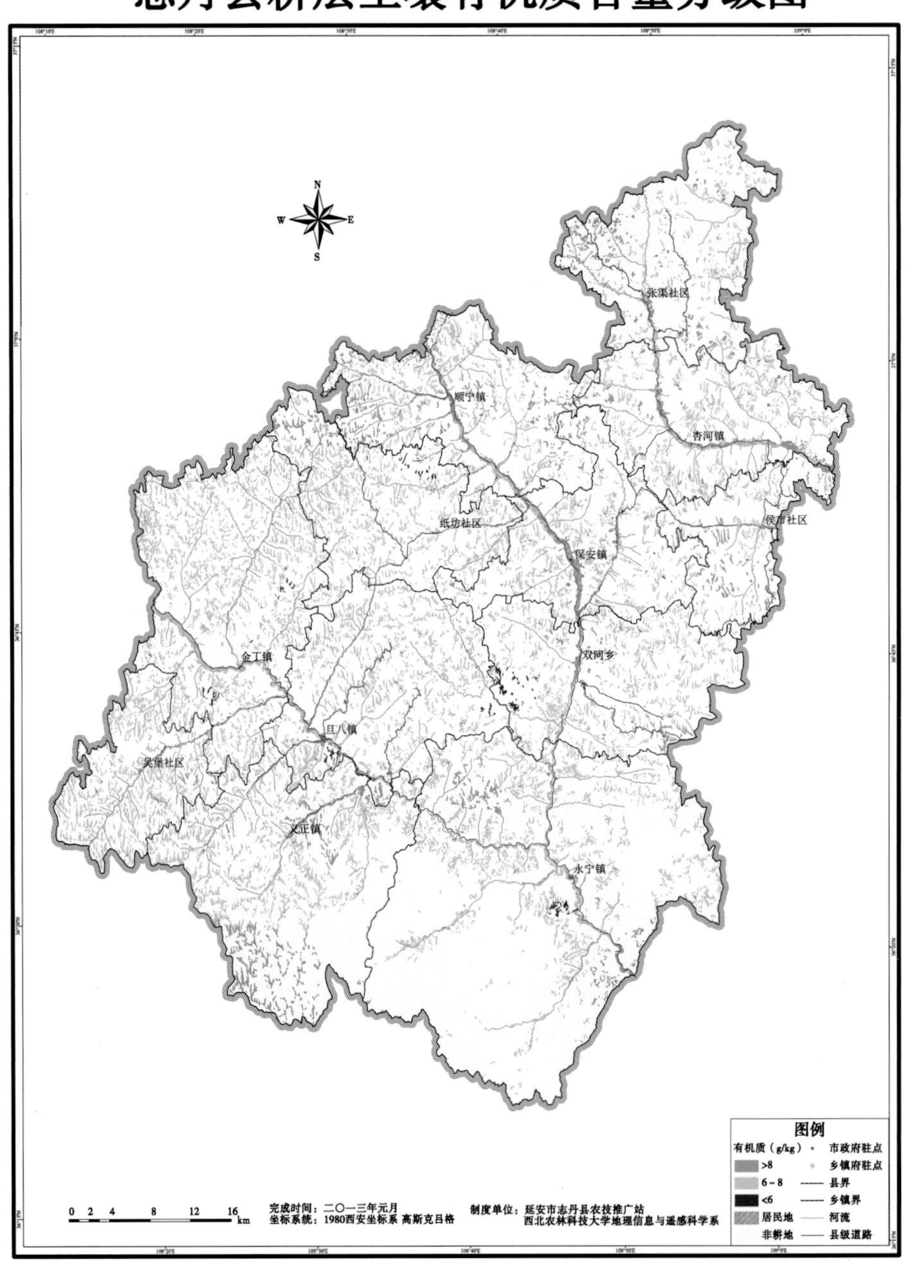

志丹县耕层土壤有效磷含量分级图

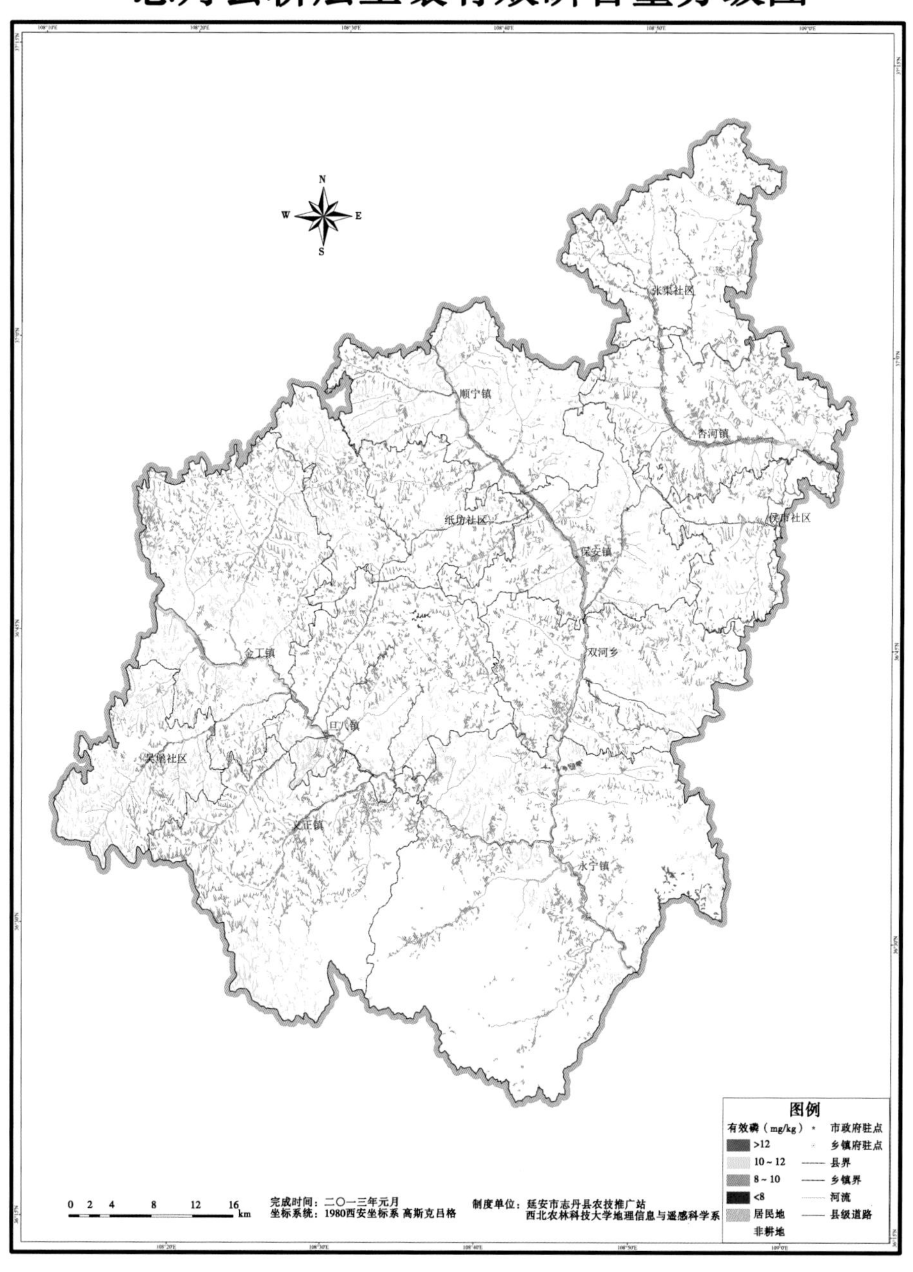

志丹县耕地玉米适宜性评价图

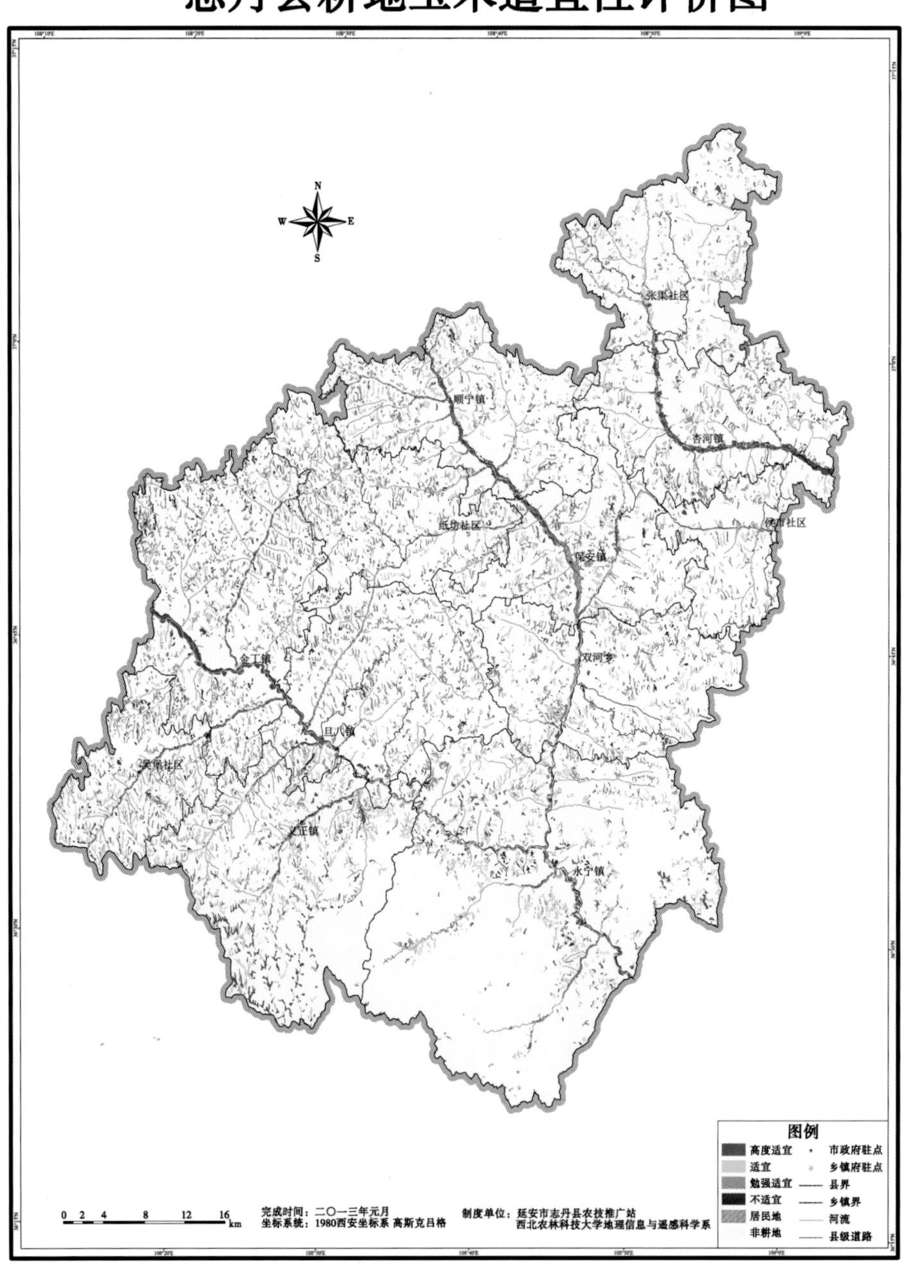